101 文字の練習

年　月　日　学年　年　組　番　名前

数字・ラテン文字は A 形斜体

1 2 3 4 5 6 7 8 9 0

文字高さ7mm

1 1　　2 2　　3 3
4 4　　5 5　　6 6
7 7　　8 8　　9 9
0 0　　1 2 3 4 5 6 7 8 9 0 ⇨

JN035262

文字高さ5mm

1 1　　2 2　　3 3　　4 4
5 5　　6 6　　7 7　　8 8
9 9　　0 0　　　　　　1 2 3 4 5 6 7 8 9 0
1 2 3 4 5 6 7 8 9 0 ⇨

A B C D E F G H I J K L M N O P Q R S T U V W X Y Z 　 R
a b c d e f g h i j k l m n o p q r s t u v w x y z 　 ø

あいうえおかきくけこさしすせそたちつてとなにぬねのはひふへほまみむめも
やゆよらりるれろわをん　　　アイウエオカキクケコサシスセソタチツテト
ナニヌネノハヒフヘホマミムメモヤユヨラリルレロワヲン　　キリ　ボルト

7mm 設計製図数字線種投影等角展開断面寸法図番尺度組立図

102 線の用法と練習

教科書 ▶ p.18〜21

年　月　日	学年	年　組　番	名前

Q1. 下図において，線の用途による名称を表より選び，その番号を○の中に書きなさい。

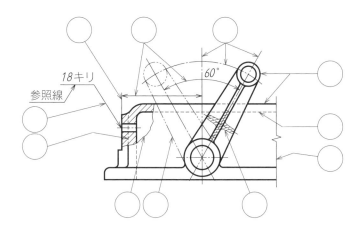

番号	用途による名称	線の種類	番号	用途による名称	線の種類
1	外　形　線	太い実線	7	中　心　線	細い一点鎖線
2	寸　法　線	細い実線	8	想　像　線	細い二点鎖線
3	寸法補助線	細い実線	9	破　断　線	不規則波形の細い実線またはジグザグ線
4	引　出　線（参照線を含む）	細い実線	10	ハッチング	細い実線で規則的に並べたもの
5	回転断面線	細い実線			
6	かくれ線	細い破線			

Q2. 次の文に該当する線の用途による名称を記せ。

(1) 寸法を記入するために図形からひき出すのに用いる線は
　……………

(2) 対象物のみえない部分の形状をあらわす線は
　……………

(3) 対象物のみえる部分の形状をあらわす線は
　……………

(4) 隣接部分を参考にあらわす線は
　……………

(5) 図形の中心をあらわす線は
　……………

細い破線　約1mm　2〜4mm

細い一点鎖線　約1mm　7〜40mm

細い二点鎖線　約1mm　7〜40mm

※線の形は JIS Z 8312 に規定されているが，上記は一般的に用いられている値を示す。

次の線の練習をしなさい。

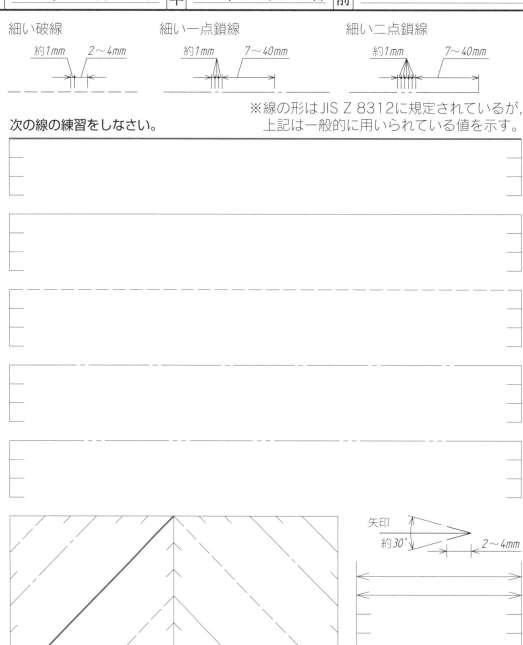

矢印　約30°　2〜4mm

201 投影図(その1)

教科書 p.28〜34

年　月　日　学年　年　組　番　名前

Q1. 次の等角図に示した品物の投影図を完成しなさい。大きさは等角図の目盛りの数に合わせなさい。穴はすべて貫通しているものとする。

Q2. 図の名称を書きなさい。

（　　　）

等角図

（左側面図）　（　　　）　（　　　）

（　　　）

① QR

② QR

③ QR

④ QR

⑤ QR

4

202 投影図（その2）

教科書 p.28〜34

年 月 日	学年	年 組 番	名前

Q1. 次の等角図に示した品物の投影図を完成しなさい。大きさは等角図の目盛りの数に合わせなさい。穴はすべて貫通しているものとする。

①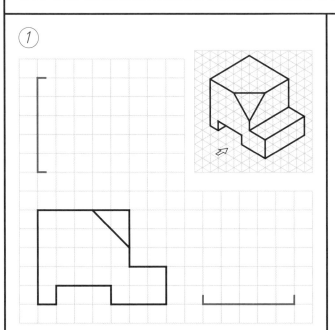

②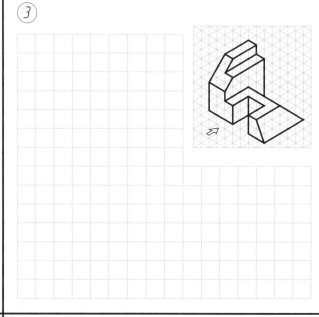

③

④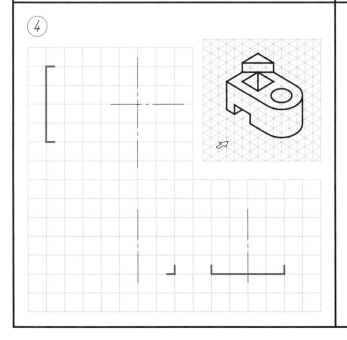

⑤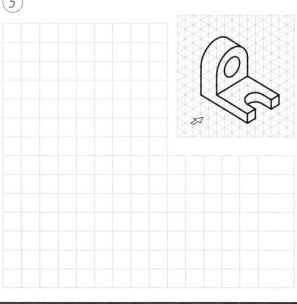

⑥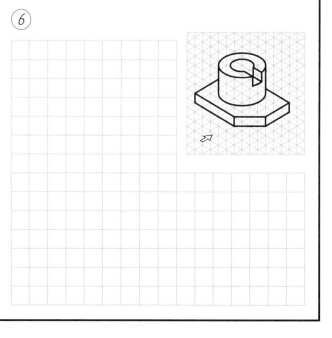

203 投影図（その3）

教科書 p.28〜34

年 月 日	学年	年 組 番	名前

Q1. 平面図は同じでも正面図と側面図の異なる品物をできるだけ形を変えて考えよ。

Q2. 正面図は同じでも平面図と側面図の異なる品物をできるだけ形を変えて考えよ。

204 投影図（その4）

教科書 ▶ p.28〜34

年　月　日　／学年　年　組　番　／名前

Q. 脱落している外形線・かくれ線をかき入れて完全な投影図にしなさい。

① QR

②

③ QR

④

⑤

⑥

⑦

⑧

⑨

⑩

⑪

⑫

205 投影図（その5）

教科書 p.28〜34

年　月　日　｜学年｜　年　組　番｜名前

Q1. それぞれの品物の正面図・平面図・側面図を現尺でかきなさい。但し，矢印の向きに見た図を正面図とし，寸法は記入しない。また，穴は貫通しているものとする。

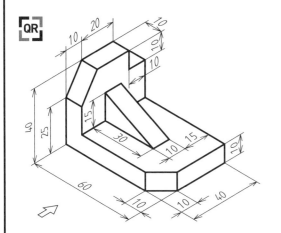

Q2. 次の寸法補助記号の意味を書きなさい。

記号（呼び方）	意　味	記号（呼び方）	意　味
∅（まる又はふぁい）		⊤（てぃー）	
R（あーる）		⌒（えんこ）	
S∅（えすまる又はえすふぁい）		CR（しーあーる）	
		⊔（ざぐり）	ざぐり※
SR（えすあーる）		（ふかざぐり）	深ざぐり
□（かく）		∨（さらざぐり）	皿ざぐり
C（しー）		▽（あなふかさ）	穴深さ
⌒（えんすい）	円すい（台）状の面取り	（　）（かっこ）	参考寸法

※ざぐりは黒皮を少し削り取るものも含む。

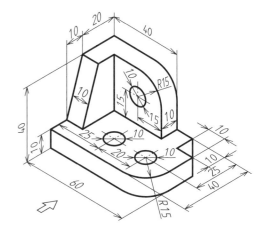

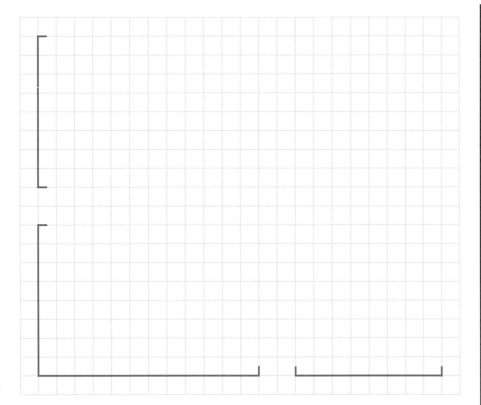

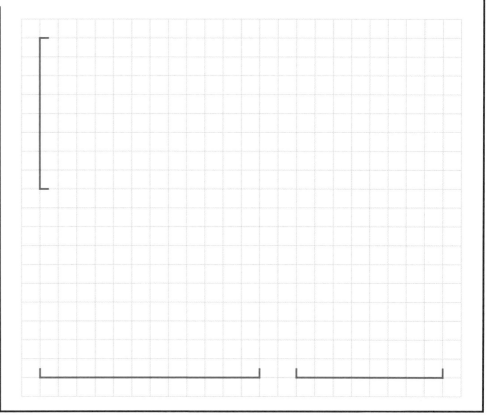

301 等角図（その1）

教科書 ▶ p.38〜42

学年	年 月 日
名前	年 組 番

Q1. 次の投影図で示した品物の等角図を完成しなさい。大きさは投影図の目盛りの数に合わせなさい。

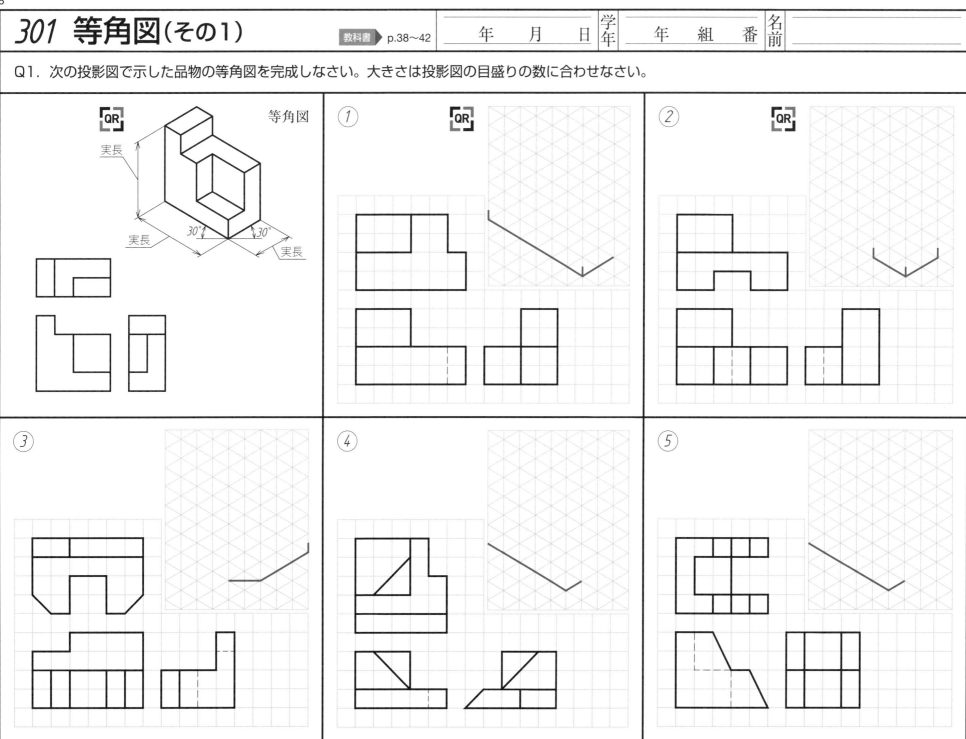

9

302 等角図（その2）

教科書 p.38〜42

年　月　日　学年　年　組　番　名前

Q1. 次の投影図で示した品物の等角図を完成しなさい。大きさは投影図の目盛りの数に合わせなさい。

① ② ③ ④ ⑤ ⑥

303 等角図・キャビネット図 教科書▶ p.43

年　月　日　／学年　年　組　番　／名前

Q1. 次の投影図で示した品物の等角図を弧成だ円を用いてかきなさい。

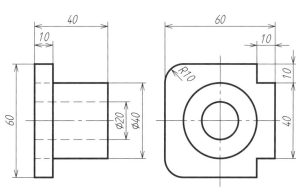

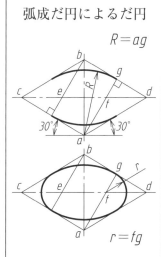

弧成だ円によるだ円

$R = ag$

$r = fg$

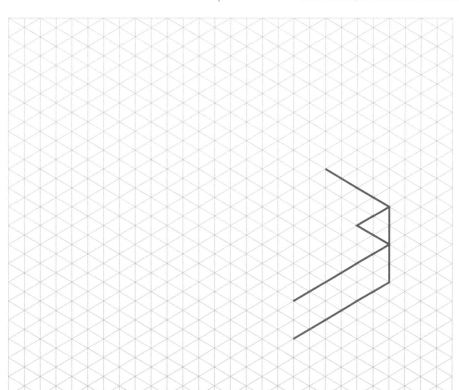

Q2. 次の投影図で示した品物のキャビネット図をかきなさい。

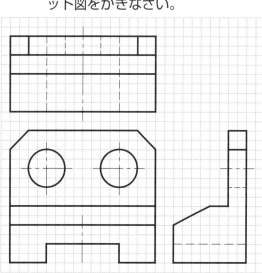

キャビネット図

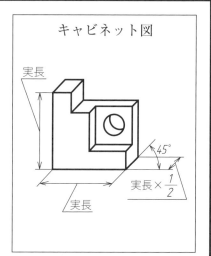

実長

実長 × $\frac{1}{2}$

45°

実長

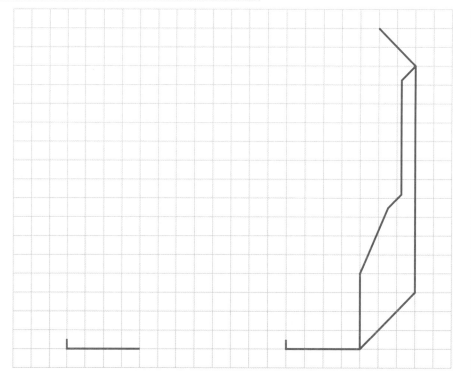

304 展開図

教科書 p.45〜49

年　月　日　学年　年　組　番　名前

投影図

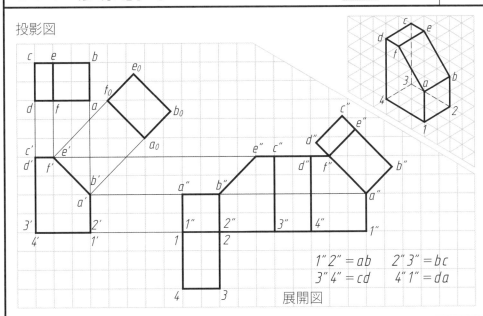

$1''2'' = ab$　　$2''3'' = bc$
$3''4'' = cd$　　$4''1'' = da$

展開図

Q1. 次の投影図で示す品物の展開図をかきなさい。

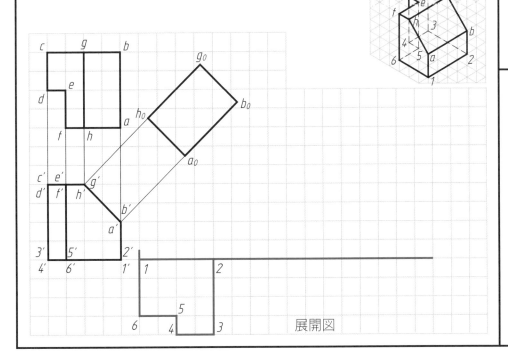

展開図

Q2. 次の投影図で示す品物の展開図をかきなさい。

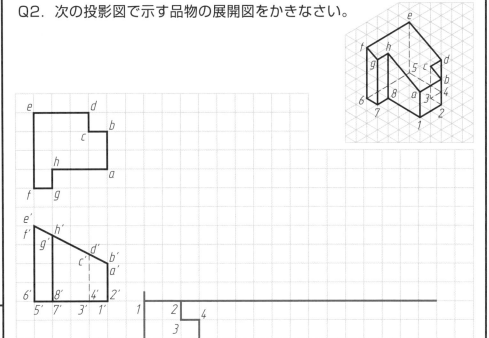

展開図

Q3. 次の切断された角柱の展開図をかきなさい。ただし，上面，斜面，下面はかかなくてよい。

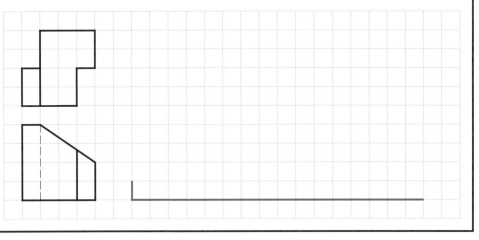

401 補助投影図

教科書 ▶ p.67〜69

年　月　日　学年　年　組　番　名前

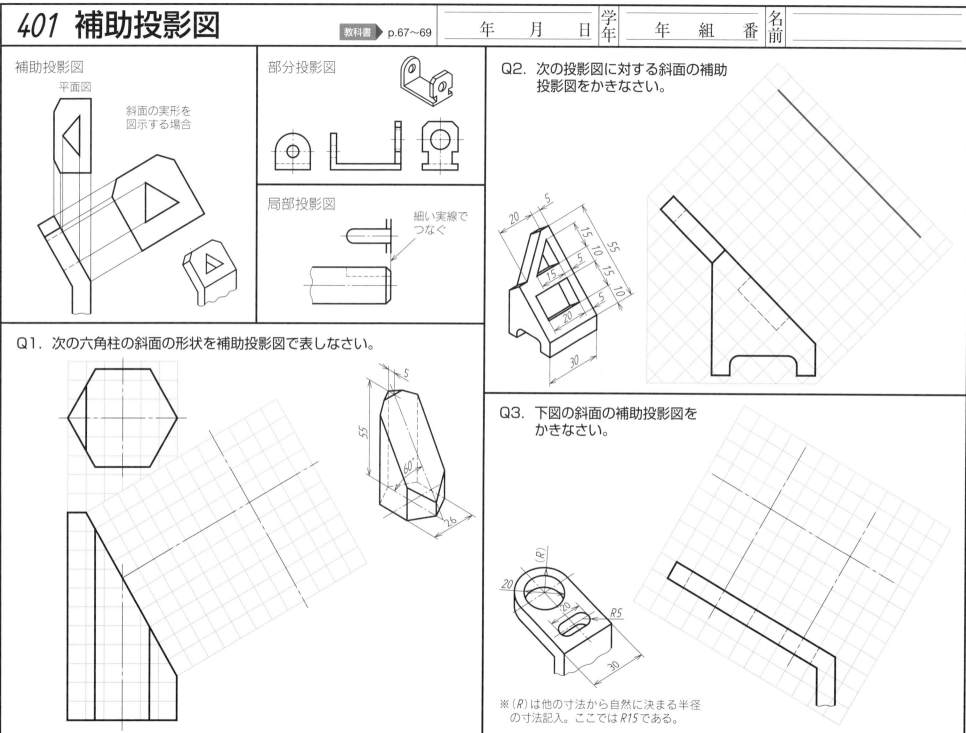

補助投影図

平面図

斜面の実形を
図示する場合

部分投影図

局部投影図

細い実線で
つなぐ

Q1. 次の六角柱の斜面の形状を補助投影図で表しなさい。

5

55

60°

26

Q2. 次の投影図に対する斜面の補助
投影図をかきなさい。

20　5

15　10　55

5　15　10

15

5

20

30

Q3. 下図の斜面の補助投影図を
かきなさい。

(R)

20

20

R5

30

※(R) は他の寸法から自然に決まる半径
　の寸法記入。ここでは R15 である。

402 断面図(その1)

教科書 p.71~75

年 月 日 / 学年 年 組 番 / 名前

断面図示

切断面

全断面図　片側断面図

ハッチング…断面図に現れる切り口を45°傾けた細い実線で2~4mm位の等間隔に施した線

Q1. 次の品物の主投影図を全断面図と片側断面図で表しなさい。また、断面部にはハッチングを施しなさい。

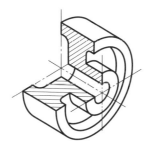

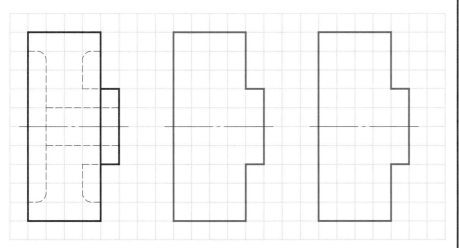

断面をしない図　　全断面図　　片側断面図

Q2. 次の品物の断面にしない主投影図(色で印刷)を完成し、また、全断面図と片側断面図をかき、ハッチングも施しなさい。

かくれ線もかきなさい

断面にしない図　　全断面図　　片側断面図

Q3. 下図の投影図で左側は全断面図、右側は部分断面図で表し、ハッチングも施しなさい。

全断面図　　　　　　　　　　　部分断面図

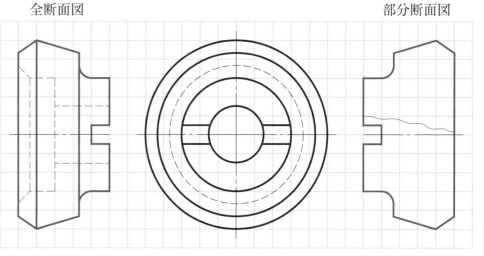

403 断面図（その2）

教科書 p.71〜75

年	月	日	学年	年	組	番	名前

組み合わせによる断面図

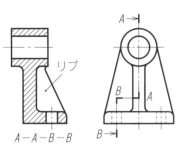
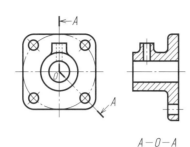

$A-A-B-B$ $B-B$ $A-O-A$

※リブは断面にしない。断面図には切断線をかかない。

Q1. 次の品物について，色で印刷してある図形を断面図にして完成し，ハッチングを施しなさい。

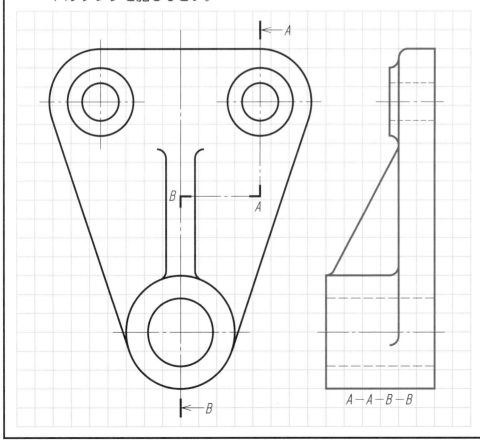

$A-A-B-B$

Q2. 下図で断面を表す部分にハッチングを施しなさい。

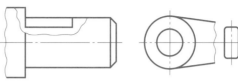
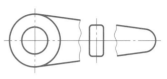

部分断面図　　　回転図示断面図　　　回転図示断面図
　　　　　　　（外形線で表す）　　（細い実線で表す）

Q3. 次の投影図で色で印刷された下面図を断面図にしてハッチングを施し，また側面図は断面にしないで完成しなさい。

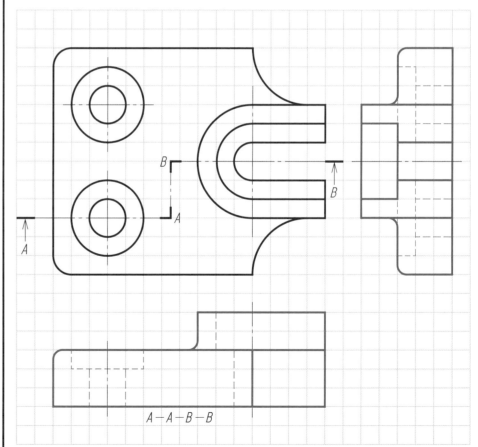

$A-A-B-B$

404 断面図（その3）

教科書 ▶ p.71〜75

年　月　日　学年　　年　組　番　名前

Q1. それぞれの投影図で，正面図を平面図に示された切断線による断面図で表しなさい。ただし，図形の大きさは2倍で，ハッチングも施す。

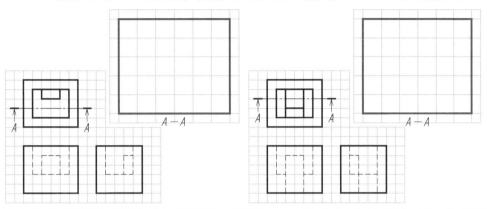

A—A

A—A

Q2. 下図の投影図で色で印刷された図形を断面図として完成しなさい。また，ハッチングも施しなさい。

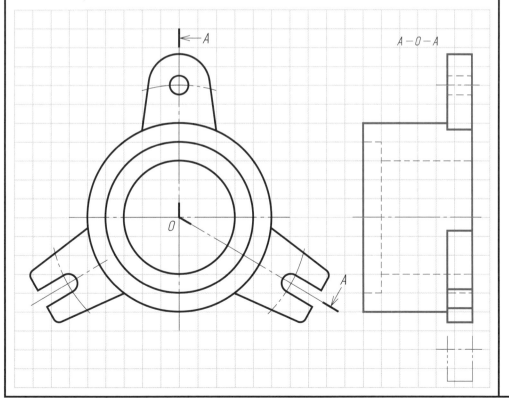

A—O—A

Q3. 次の等角図で示す品物の正面図・平面図・側面図を現尺でかきなさい。ただし，矢印の方向から見た図を正面図とし，側面図は断面図で，寸法は記入しない。

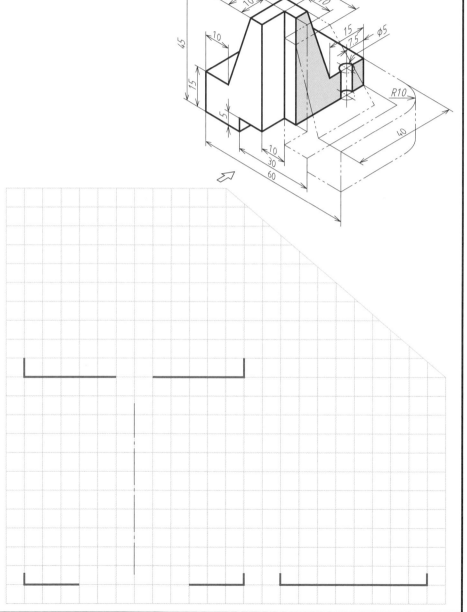

501 寸法記入（その1）

教科書 ▶ p.83〜101

年　月　日	学年	年　組　番	名前

Q. 次の各図における寸法記入で正しい方または好ましい方を選び，その図の色で印刷された寸法線及び寸法数字を鉛筆でなぞって答えなさい。

主投影図に集中した寸法記入

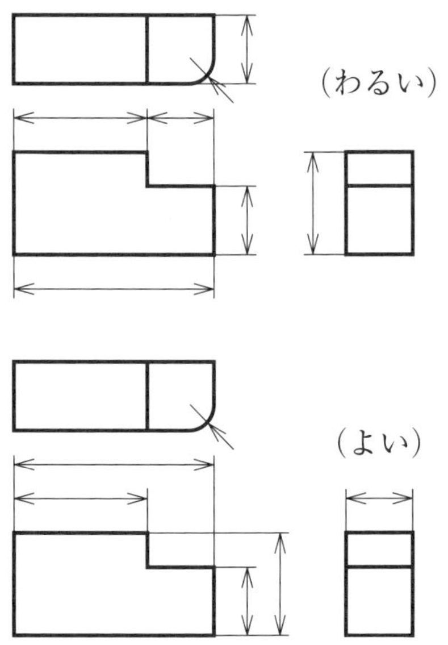

（わるい）

（よい）

基準となる箇所からの寸法記入

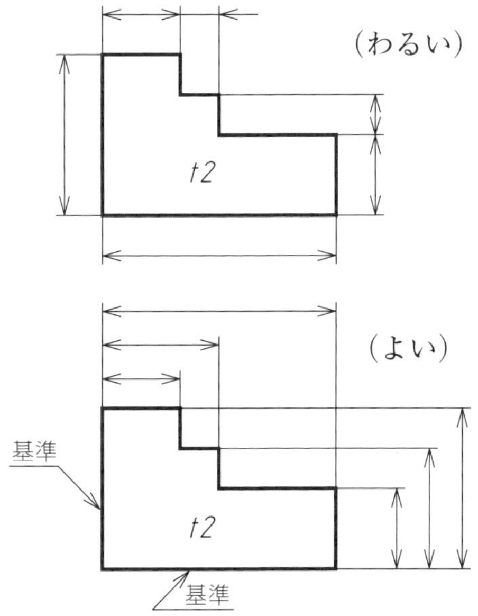

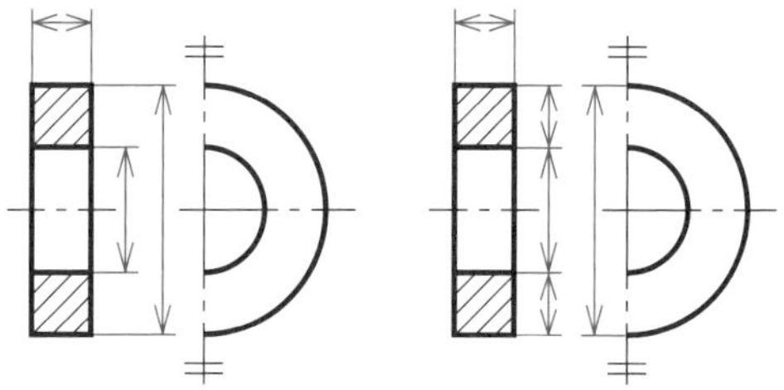

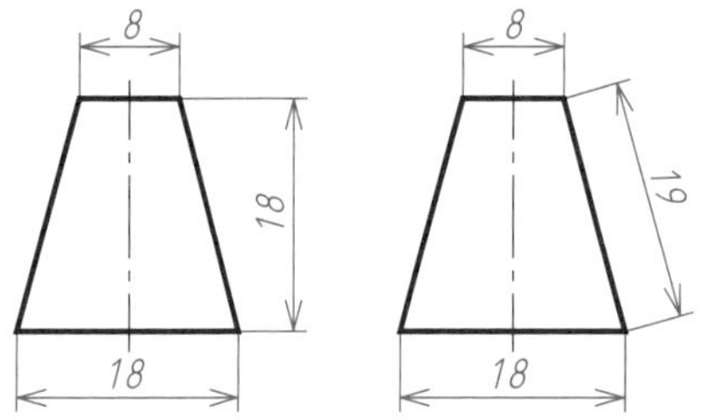

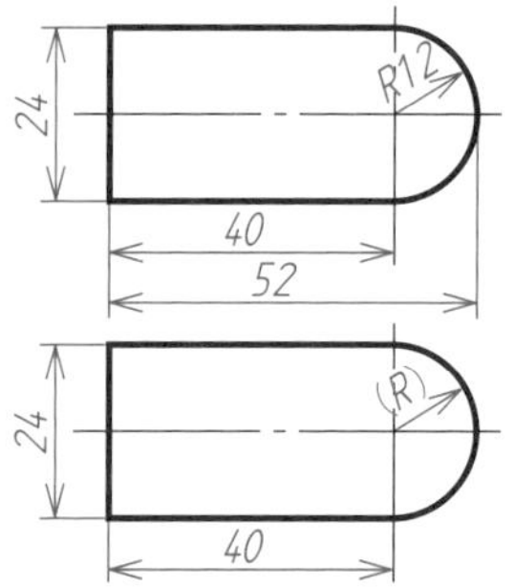

（わるい）

t2

（よい）

基準

t2

基準

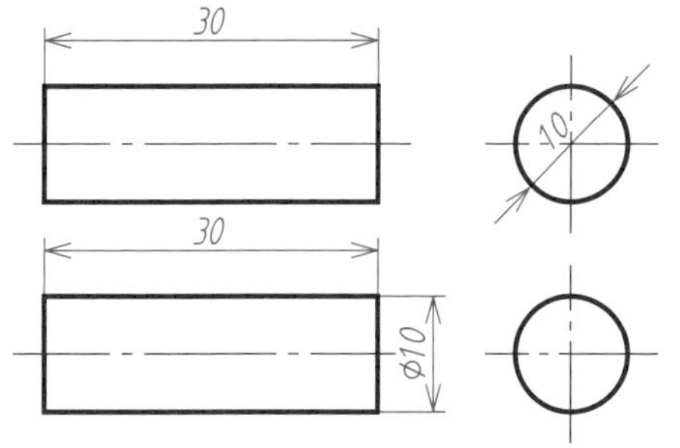

30

30

φ10

10

8　8

18

19

18　18

24

R12

40

52

24

(R)

40

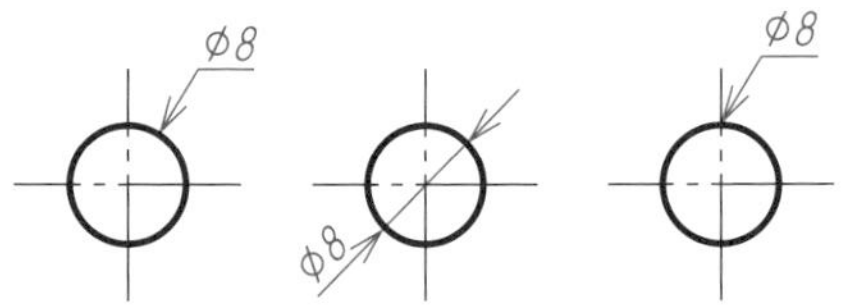

φ8

φ8

φ8

45°面取り

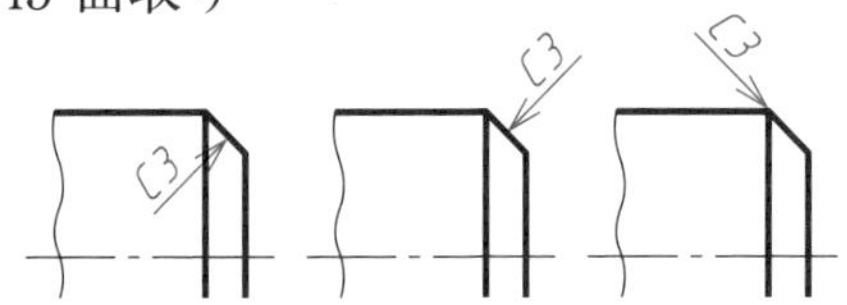

C3　C3　C3

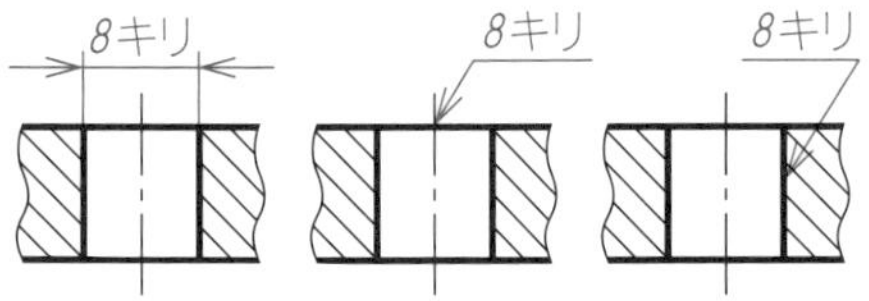

8キリ　8キリ　8キリ

円弧

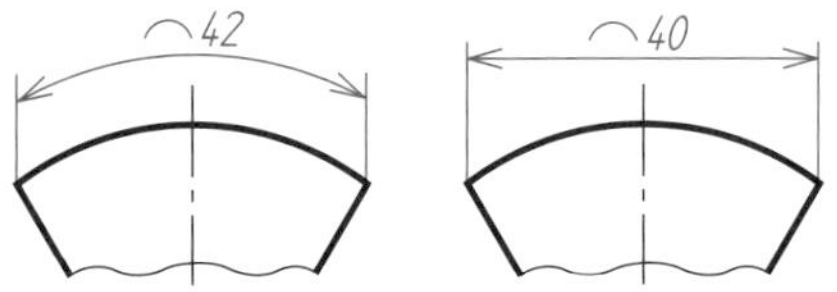

⌒42　⌒40

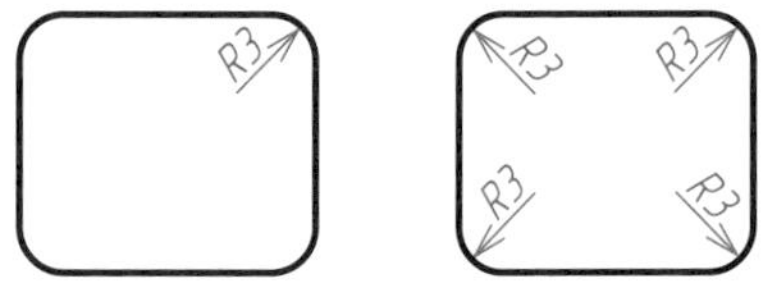

R3

R3　R3

R3　R3

円すい

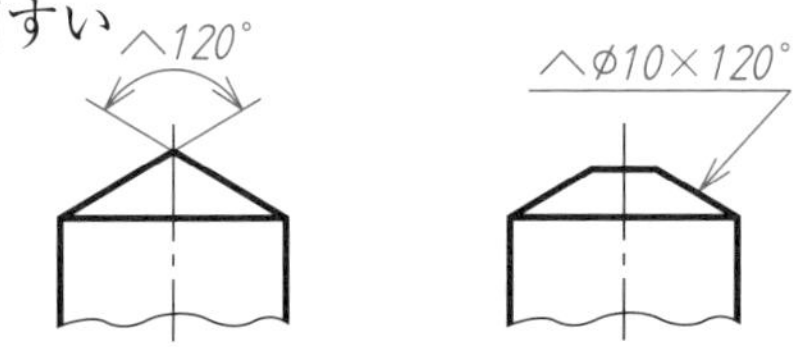

⌒120°

⌒φ10×120°

穴の位置を表す寸法記入

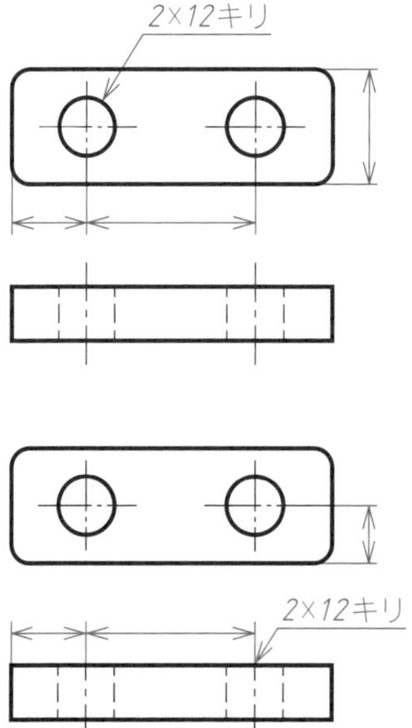

2×12キリ

2×12キリ

関連する寸法記入

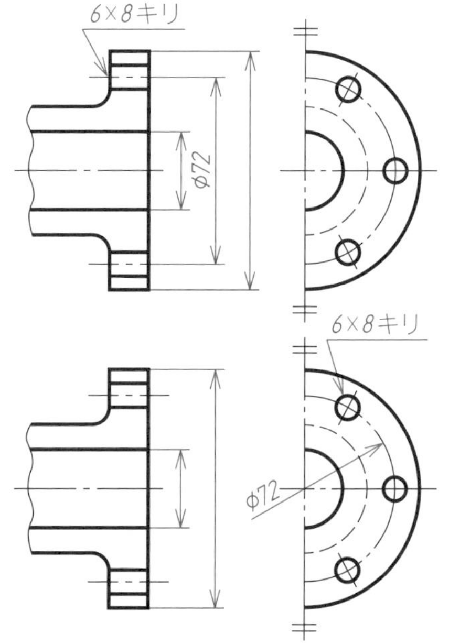

6×8キリ

φ72

6×8キリ

φ72

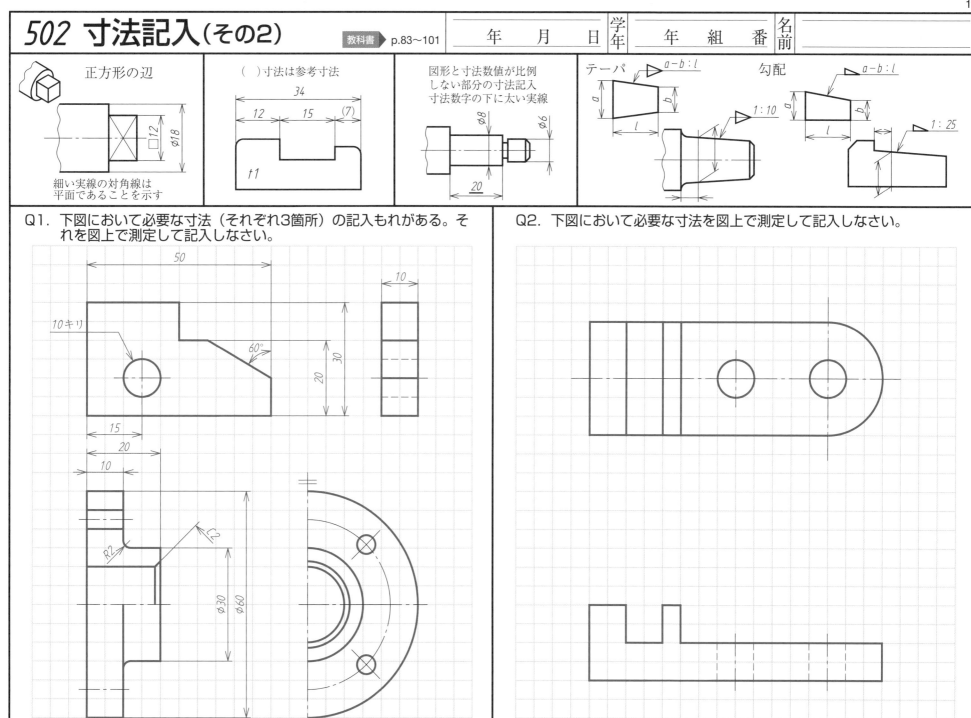

503 尺度・用紙・材料記号

教科書▶ p.52～60

年 月 日	学年	年 組 番	名前

製図用紙（A列サイズ）

縦：横＝$1:\sqrt{2}$

A2（420×594）

A3（297×420）

A2	A0	A1
A4	A3	

尺度	(A:B)
縮尺	1:2
	1:5
	1:10
現尺	1:1
倍尺	2:1
	5:1
	10:1

他に：縮尺 $B \times 10^n$
　　　倍尺 $A \times 10^n$

材料記号

（例）機械構造用炭素鋼鋼材

S20C
　炭素 Carbon
　炭素含有量 0.2%
　鋼 Steel

（例）一般構造用圧延鋼材

SS400
　引張強さ 400～510MPa
　一般構造用圧延材 Structural
　鋼 Steel

（例）ねずみ鋳鉄品

FC200
　引張強さ 200MPa以上
　鋳造品 Casting
　鉄 Ferrum

Q1. 次の記述のうち正しい場合は○，誤りには×印を付けよ。

（　）. 図面の輪郭線は太さ0.3mm以上の実線とする。

（　）. 図面に設ける輪郭は，輪郭外の余白をA0，A1では20mm以上，A2以下では10mm以上とする。

（　）. A1用紙はA4用紙の6倍の大きさである。

（　）. 製図用紙は長辺を横方向に置いて用いるが，A4に限って長辺を縦方向に置いてもよい。

（　）. 図面を折りたたむ場合，その折りたたんだ大きさはA4になるようにする。

Q2. 次の記述のうち正しい場合は○，誤りには×印を付けよ。

（　）. 図面は原則として現尺でかくのが望ましい。その場合尺度の表示は一切しなくてもよい。

（　）. 品物の大きさを1/2で図示した場合，縮尺と呼び2:1と表示する。

（　）. 同一図面に，ほかの異なった尺度を用いるときには，必要に応じて，その図の近くにもその適用した尺度を記入する。

（　）. 寸法は，普通，仕上がり寸法をmm単位で記入し，単位記号はつけない。

（　）. 縮尺や倍尺でかいた場合，各部の寸法は品物の実際の寸法（現寸）を記入する。

Q3. 部品欄の工程に記載された次の略記号は何を表すか。

キ（　　　）　イ（　　　）　タ（　　　）
ヒ（　　　）　バ（　　　）　ヨ（　　　）

板金加工，鋳造，機械，鍛造，標準部品，溶接

Q4. 次の材料記号についてその材料名を語群より選び記号で答えよ。

SF440	
SC410	
SB410	

（イ）ボイラ及び圧力容器用炭素鋼
（ロ）炭素鋼鋳鋼品　　（ハ）軟鋼
（ニ）炭素鋼鍛鋼品　　（ホ）硬鋼
（ヘ）ねずみ鋳鉄品　　（チ）可鍛鋳鉄品

Q5. 次の材料記号でそれぞれの文字や数字は何を表しているか該当するものを（イ）～（チ）の中から選び記号で答えよ。

S　C　450
□　□　□

（イ）鉄　　（ロ）鋼　　（ハ）圧縮強さ450N/mm^2
（ニ）引張強さ450MPa　　（ホ）いおう
（ヘ）鋳物　　（ト）炭素　　（チ）銅

Q6. 次の材料名に該当する材料記号を（イ）～（ニ）の中から選び記号で答えよ。

青銅鋳物	
銅合金（Cu-Zn系合金）	
アルミニウム合金（Al-Cu-Mg系合金）	

（イ）C2200
（ロ）CAC406
（ハ）SCM420
（ニ）A2024

Q7. 次の材料記号に用いられている文字Cが炭素を表しているのはどれか。記号で答えよ。

（イ）SC410　（ロ）C2300　（ハ）S43C
（ニ）FC300　（ホ）SCM415　（ヘ）AC1B

答　□

504 表面性状の図示記号　教科書 p.125〜130

年 月 日	学年	年 組 番	名前

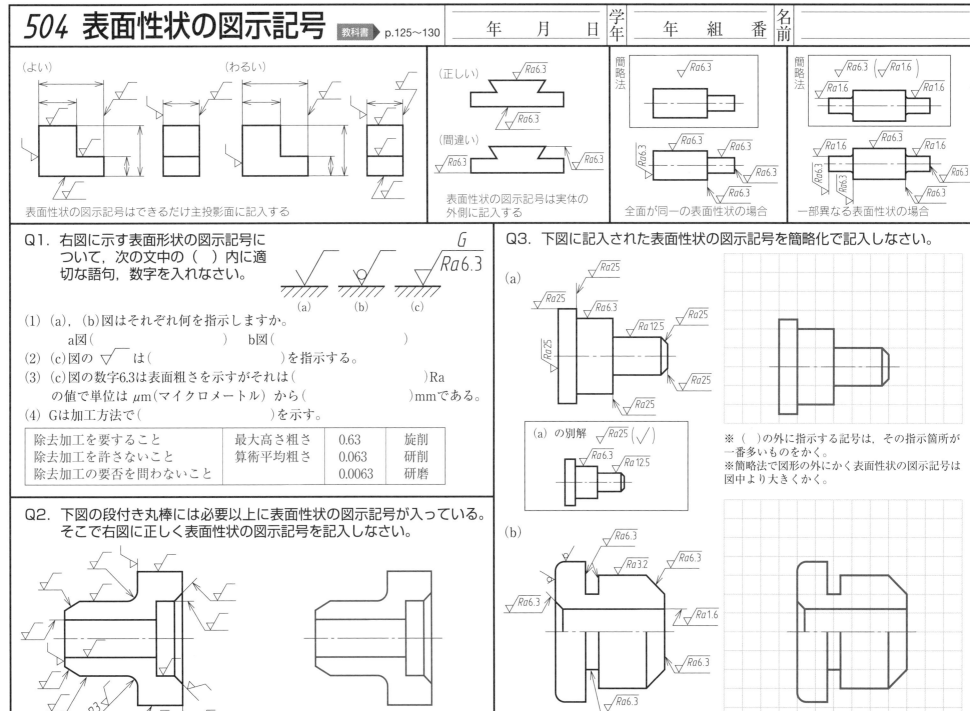

（よい）　　　　　　（わるい）

表面性状の図示記号はできるだけ主投影面に記入する

（正しい）
（間違い）

表面性状の図示記号は実体の外側に記入する

簡略法

全面が同一の表面性状の場合

簡略法

一部異なる表面性状の場合

Q1. 右図に示す表面形状の図示記号について，次の文中の（　）内に適切な語句，数字を入れなさい。

(1) (a)，(b)図はそれぞれ何を指示しますか。
　　a図（　　　　　　　　　）　b図（　　　　　　　　　）
(2) (c)図の ▽ は（　　　　　　　　　）を指示する。
(3) (c)図の数字6.3は表面粗さを示すがそれは（　　　　　　　）Ra
　　の値で単位は μm（マイクロメートル）から（　　　　　　）mmである。
(4) Gは加工方法で（　　　　　　　　　）を示す。

除去加工を要すること	最大高さ粗さ	0.63	旋削
除去加工を許さないこと	算術平均粗さ	0.063	研削
除去加工の要否を問わないこと		0.0063	研磨

Q2. 下図の段付き丸棒には必要以上に表面性状の図示記号が入っている。そこで右図に正しく表面性状の図示記号を記入しなさい。

Q3. 下図に記入された表面性状の図示記号を簡略化で記入しなさい。

(a)

(a) の別解

(b)

※（　）の外に指示する記号は，その指示箇所が一番多いものをかく。
※簡略法で図形の外にかく表面性状の図示記号は図中より大きくかく。

505 サイズ公差とはめあい

年 月 日	学年	年 組 番	名前

サイズ公差

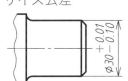

図示サイズ＝30
上の許容差＝＋0.01
下の許容差＝－0.10

上の許容サイズ＝図示サイズ＋上の許容差
$$＝30＋0.01＝30.01$$
下の許容サイズ＝図示サイズ＋下の許容差
$$＝30＋(－0.10)＝29.90$$
サイズ公差＝上の許容サイズ－下の許容サイズ
$$＝30.01－29.90＝0.11$$
サイズ公差＝上の許容差－下の許容差
$$＝0.01－(－0.10)＝0.11$$

公差クラスの記号

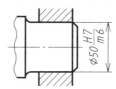

大文字は穴のサイズ許容区間
小文字は軸のサイズ許容区間
数値は基本サイズ公差等級

※表の図示サイズで
〜超はその数値を含まない
〜以下はその数値を含む

$\phi50H7\left(\begin{smallmatrix}+0.025\\0\end{smallmatrix}\right)$
　{ 上の許容サイズ＝50.025
　 下の許容サイズ＝50.000

$\phi50m6\left(\begin{smallmatrix}+0.025\\+0.009\end{smallmatrix}\right)$
　{ 上の許容サイズ＝50.025
　 下の許容サイズ＝50.009

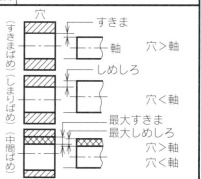

穴
（すきまばめ）すきま 軸 穴＞軸
（しまりばめ）しめしろ 穴＜軸
（中間ばめ）最大すきま 最大しめしろ 穴＞軸 穴＜軸

Q1. 下図の許容差による寸法記入において表を完成せよ。

単位はmm

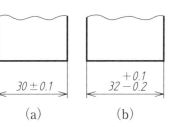

(a) 30±0.1
(b) 32 $\begin{smallmatrix}+0.1\\-0.2\end{smallmatrix}$

	(a)	(b)
図示サイズ		
上の許容サイズ		
下の許容サイズ		
サイズ公差		

Q2. 下図によって右の表の空欄に該当する事項を記入しなさい。

軸
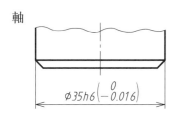
$\phi35h6\left(\begin{smallmatrix}0\\-0.016\end{smallmatrix}\right)$

穴
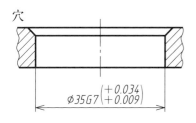
$\phi35G7\left(\begin{smallmatrix}+0.034\\+0.009\end{smallmatrix}\right)$

	軸	穴
図示サイズ		
上の許容差		
下の許容差		
上の許容サイズ		
下の許容サイズ		
サイズ公差		
はめあいの種類		
最大すきま		
最小すきま		

最大すきま＝穴の上の許容サイズ－軸の下の許容サイズ

Q3. 下図において右の表の空欄に該当する事項を記入しなさい。

(a)
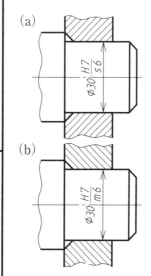
$\phi30\frac{H7}{s6}$

(b)
$\phi30\frac{H7}{m6}$

	(a)		(b)
	軸s6	穴H7	軸m6
図示サイズ			
上の許容差			
下の許容差			
上の許容サイズ			
下の許容サイズ			
サイズ公差			
はめあいの種類			
最大しめしろ			
最小しめしろ			最大すきま

穴と軸に対する許容差

(単位 μm＝0.001mm)

図示サイズ		H			m		s
超	以下	6	7	8	5	6	6
18	24	＋13	＋21	＋33	＋17	＋21	＋48
24	30	0	0	0	＋8	＋8	＋35
30	40	＋16	＋25	＋39	＋20	＋25	＋59
40	50	0	0	0	＋9	＋9	＋43

506 幾何公差

教科書 ▶ p.116〜121

年	月	日	学年	年 組 番	名前

幾何公差

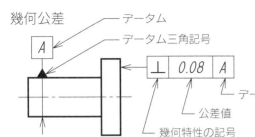

- データム
- データム三角記号
- データムを指示する文字記号
- 公差値
- 幾何特性の記号

※データムとは関連形体の幾何公差を指示するときの基準となる。直線,軸線・平面または中心平面など理論的に正確な幾何学的基準をいう。

公差記入枠の大きさ

※Hは図面に記入される寸法数字の文字高さと同じ

Q1. 下記の幾何公差の種類に関する表について完成せよ。

記号	特性の名称	公差の種類	データム指示	定義
—				
⬦				
∥				
⊥				
↗				

但しデータム指示は「要」「否」で,定義は下図より選び記号で答えよ。

A 公差域は,その軸線がデータムに一致する円筒断面内にあるだけ離れた二つの円によって任意の半径方向の位置で規制される。
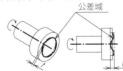
公差域

B 公差値の前に記号φを付記すると,公差域は直径tの円筒によって規制される。

C 公差域は,距離tだけ離れ,データムに直角な平行二平面によって制限される。

D 公差域は,距離tだけ離れた平行二平面によって規制される。

E 公差域は,距離tだけ離れ,データム軸直線に平行な平行二平面によって規制される。

Q2. 下記の幾何公差の記号についてその特性の名称をA〜Fの中から選び記号で答えよ。

記号	↗	○	◎	⊕	⌀
特性の名称					

(A) 同心度または同軸度　　(B) 真円度
(C) 位置度　　　　　　　　(D) 全振れ
(E) 円筒度　　　　　　　　(F) 平行度

Q3. 各図の幾何公差に対して正しい説明文を一つ選びその記号を○でかこみなさい。

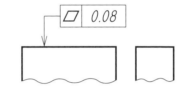

(イ) 実際の表面に対して0.08mmの寸法許容差で仕上げる。
(ロ) 実際の表面は0.08mmだけ離れた平行二平面の間になければならない。
(ハ) 実際の表面に対して両側の側面の平行度は0.08mmの範囲にある。

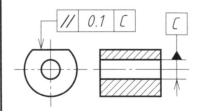

(イ) 実際の表面は0.1mmだけ離れ,データム軸直線Cに平行な平行二平面の間になければならない。
(ロ) 実際の表面はデータムCで示す内径に対して0.1mmの表面粗さまで許される。
(ハ) 実際の表面はデータムCに対して0.1mmの許容範囲の加工が可能である。

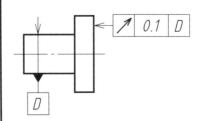

(イ) データム軸直線Dに一致する円筒軸において軸方向の実際の線は0.1mm離れた二つの円の間になければならない。
(ロ) データム軸直線Dに対して側面の右下さがり傾角は0.1°の範囲になければならない。

601 ねじ製図（その1）

教科書 ▶ p.160～173

年	月	日	学年	年	組	番	名前	

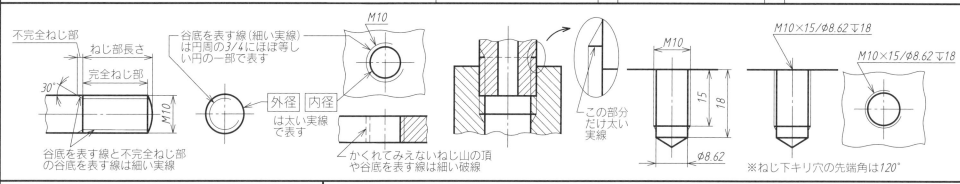

- 不完全ねじ部
- ねじ部長さ
- 完全ねじ部
- 30°
- M10
- 谷底を表す線と不完全ねじ部の谷底を表す線は細い実線
- 谷底を表す線（細い実線）は円周の3/4にほぼ等しい円の一部で表す
- 外径 内径 は太い実線で表す
- かくれてみえないねじ山の頂や谷底を表す線は細い破線
- この部分だけ太い実線
- M10×15/φ8.62▽18
- 15
- 18
- φ8.62
- ※ねじ下キリ穴の先端角は120°

Q1. 下図においてねじの各部の名称をかきなさい。また各問について答えなさい。

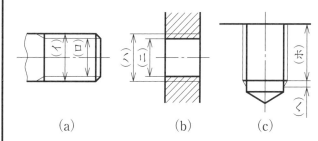

(a)　　　(b)　　　(c)

	名　称
イ	
ロ	
ハ	
ニ	
ホ	
ヘ	

(1) 図の(a)，(b)ともM12の場合(イ)と(ハ)の長さは何mmか。　（イ）＿＿＿　（ハ）＿＿＿

(2) ねじで隣り合うねじ山の対応する2点の軸方向の距離を何というか。　（　　　）

(3) ねじが一回転したとき，軸方向に移動する距離を何というか。　（　　　）

Q2. ねじに関する次の図で正しい方を選びその記号を○でかこみなさい。

(a)

(b)

(a)　　　(b)

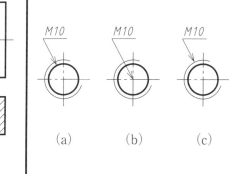

M10　M10　M10

(a)　　　(b)　　　(c)

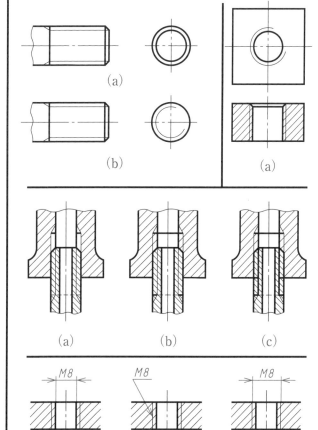

(a)　　　(b)　　　(c)

M8　M8　M8

(a)　　　(b)　　　(c)

Q3. M16ねじ深さ30，下穴14.2深さ35のねじ込み部の図を実寸でかきなさい。

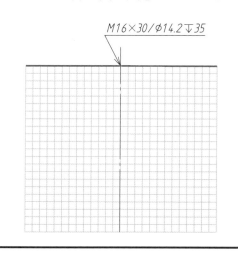

M16×30/φ14.2▽35

602 ねじ製図（その2）

教科書 ▶ p.177

年 月 日	学年	年 組 番	名前

Q1. 次のねじの呼びの表し方例に該当するねじの種類名を語群より選びなさい。

G 3/8	
M16	
Rc1/2	
R1/2	
M16×1	
Tr10×2	
Rp1/2	

語群
　一般用メートルねじ並目，一般用メートルねじ細目
　メートル台形ねじ，管用テーパおねじ
　管用テーパめねじ，管用平行ねじ
　管用テーパねじ用平行めねじ

Q2. 次のねじの表し方の解答例にならって答えよ。

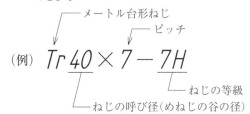

（例）　Tr 40 × 7 － 7H
　　　　　　メートル台形ねじ
　　　　　　　　　ピッチ
　　　　　　　　　　　　ねじの等級
　　　ねじの呼び径（めねじの谷の径）

※ねじの等級では一般にめねじに5〜7H
　おねじには，5g, 6g, 7e等が用いられている。

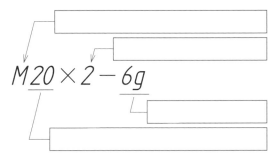

M20 × 2 － 6g

Q3. 下図は六角ボルト・六角ナットの略画法でかかれた図である。M20の六角ボルト・六角ナットの場合(イ)〜(ヌ)の各寸法及び角度は何度か。

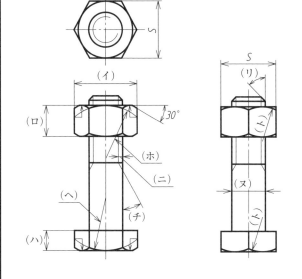

(イ) ＿＿＿＿　(ロ) ＿＿＿＿　(ハ) ＿＿＿＿

(ニ) ＿＿＿＿　(ホ) ＿＿＿＿　(ヘ) ＿＿＿＿

(ト) ＿＿＿　(チ) ＿＿＿　(リ) ＿＿＿　(ヌ) ＿＿＿

ボルトの呼び方

呼び径六角ボルト　M16×80－9.8
　　　　ボルトの種類
　　　　強度区分
　　　　引張強さ900MPa
　　　　8はその80%

Q4. 下図の寸法の引出線で表示された座ぐりの寸法に合う図をかきなさい。

※座ぐり……ボルトの頭やナットの座面が締め付ける部品の面に密着するようにその面に座をつくること。

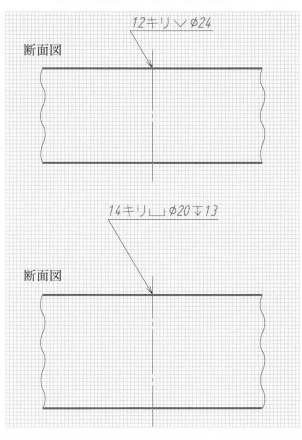

断面図
12キリ∨φ24

断面図
14キリ⌴φ20↓13

ナットの呼び方

六角ナット－スタイル 1　M12－8
　　　ナットの種類
　　　　一般用メートルねじ

603 軸・キー・座金

教科書 p.180〜185

年 月 日	学年	年 組 番	名前

キー溝の寸法表示方法

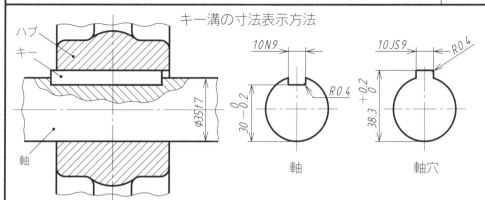

軸　　　軸穴

Q1. 下図の止め板の図示例で最も良い例を一つ選び，色で印刷された図を黒の鉛筆でなぞりなさい。

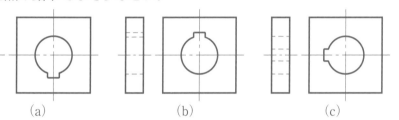

(a)　　　(b)　　　(c)

Q2. 下図の寸法記入例で最も良い例を一つ選び黒の鉛筆でなぞりなさい。

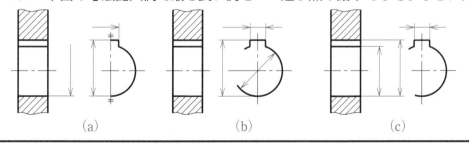

(a)　　　(b)　　　(c)

Q3. 下図のキー溝の局部投影図の寸法記入例で最も良い例を一つ選び黒い鉛筆でなぞりなさい。

(a) 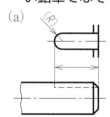　　(b) 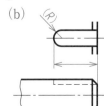　　(c)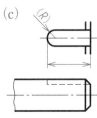

キーの呼び方

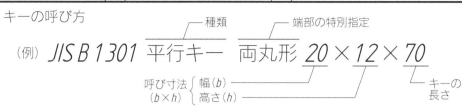

(例) JIS B 1301　平行キー　両丸形　20 × 12 × 70

種類　端部の特別指定
呼び寸法 { 幅(b)／高さ(h) } (b×h)　キーの長さ

Q4. 次のキーの呼び方で数字は図中のどの長さを表すか。記号で答えよ。

こう配キー　16 × 10 × 56

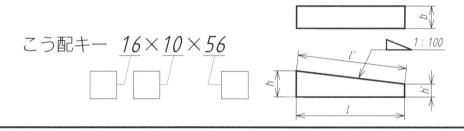

Q5. 下図の部分投影図で正しい図を一つ選びなさい。

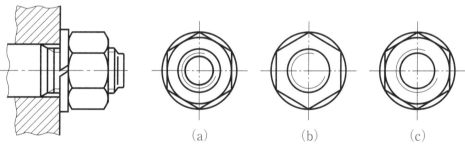

(a)　　　(b)　　　(c)

また，上記の主投影図で，ばね座金の割りの部分の拡大図で正しい図を一つ選び黒の鉛筆でなぞりなさい。

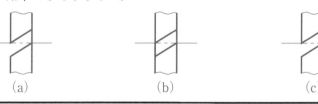

(a)　　　(b)　　　(c)

座金の呼び方

平座金ー並形ー8ー200HV　ばね座金 2号 12S

ビッカース硬さ　材料の略号(鋼製)
呼び径　種類　呼び

604 歯車製図

教科書 p.202～211

年 月 日	学年	年 組 番	名前

断面による歯底の線（太い実線）
歯先の線（太い実線）
基準円の線（細い一点鎖線）
基準円
歯底の線（細い実線）

主投影図　　　側面図

Q1. 下図の(イ)～(リ)の歯車各部の名称を書きなさい。

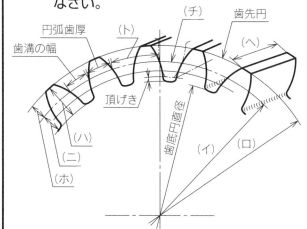

円弧歯厚
歯溝の幅
(ト)
(チ)
歯先円
(ヘ)
頂げき
歯底円直径
(ハ)
(ニ)
(ホ)
(イ)
(ロ)

イ	
ロ	
ハ	
ニ	
ホ	
ヘ	
ト	
チ	

〔語群〕
歯たけ
歯元のたけ
歯末のたけ
基準円
基準円直径
歯先円直径
歯幅
ピッチ

Q2. モジュール4mm，歯数23枚の標準平歯車の基準円直径と歯先円直径，歯底円直径を求めよ。

基準円直径〔mm〕
$$d = モジュール \times 歯数 = mz$$
$$= \boxed{} \times \boxed{} = \boxed{}$$

歯先円直径〔mm〕
$$d_a = m(z+2)$$
$$= \boxed{} \times (\boxed{} + 2) = \boxed{}$$

歯底円直径〔mm〕
$$d_f = m(z-2.5)$$
$$= \boxed{} \times (\boxed{} - 2.5) = \boxed{}$$

Q3. モジュール4mm，歯数23枚の標準平歯車の歯末のたけと歯元のたけはそれぞれいくらか。

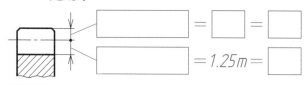

$$\boxed{} = \boxed{} = \boxed{}$$
$$\boxed{} = 1.25m = \boxed{}$$

Q4. 下図の平歯車の主投影図で正しい図を一つ選び黒の鉛筆でなぞって答えよ。

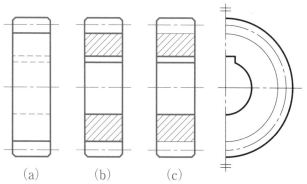

(a)　　　(b)　　　(c)

Q5. 下図のかみあう一対の平歯車の図示法で正しい図を一つ選び黒い鉛筆でなぞって答えよ。

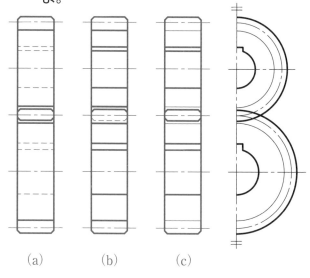

(a)　　　(b)　　　(c)

Q6. 下図のモジュール2mm，歯数23の標準平歯車について主投影図を完成し次の寸法を記入せよ。歯先円直径50mm歯幅16mm軸穴径20mmキー溝幅6mm。

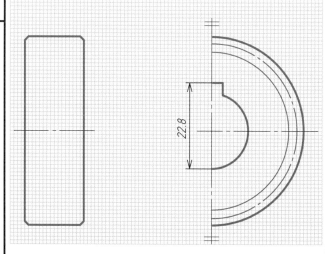

22.8

605 溶接記号・軸受

教科書 p.232〜240

年 月 日	学年	年 組 番	名前

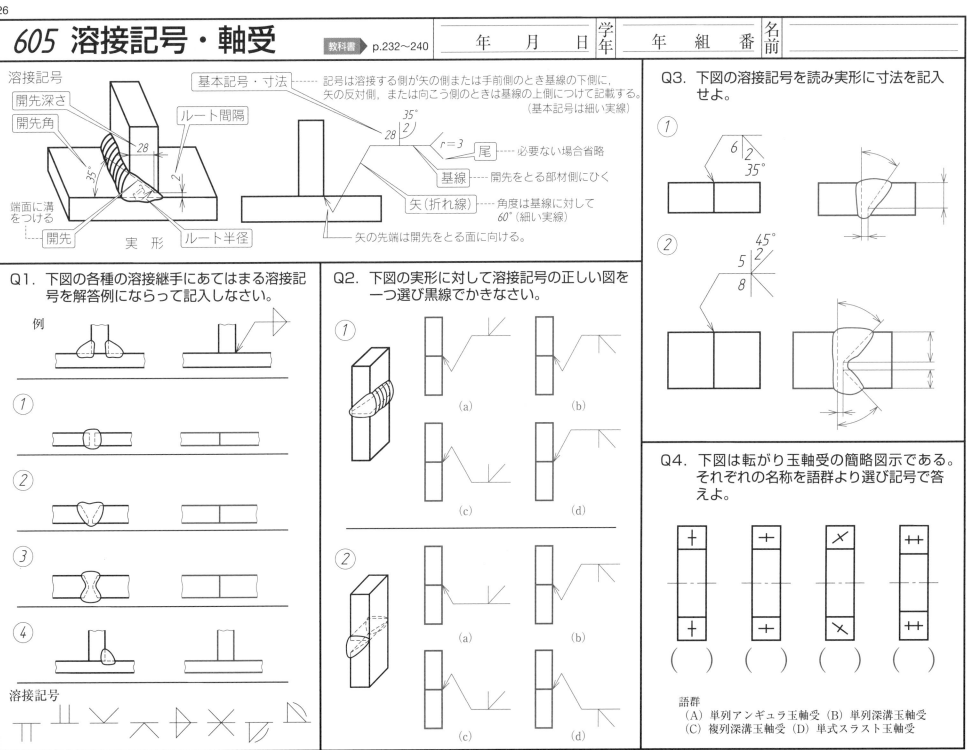

溶接記号

開先深さ
開先角
端面に溝をつける
開先
28
35°
2
実形
ルート半径
ルート間隔
基本記号・寸法

記号は溶接する側が矢の側または手前側のとき基線の下側に,
矢の反対側,または向こう側のときは基線の上側につけて記載する。
（基本記号は細い実線）

35°
28
2
r=3

尾 ----- 必要ない場合省略
基線 ----- 開先をとる部材側にひく
矢（折れ線）----- 角度は基線に対して60°（細い実線）
矢の先端は開先をとる面に向ける。

Q1. 下図の各種の溶接継手にあてはまる溶接記号を解答例にならって記入しなさい。

例

①

②

③

④

溶接記号

Q2. 下図の実形に対して溶接記号の正しい図を一つ選び黒線でかきなさい。

①

(a)　(b)
(c)　(d)

②

(a)　(b)
(c)　(d)

Q3. 下図の溶接記号を読み実形に寸法を記入せよ。

①

6
2
35°

②

45°
5
2
8

Q4. 下図は転がり玉軸受の簡略図示である。それぞれの名称を語群より選び記号で答えよ。

（　）　（　）　（　）　（　）

語群
（A）単列アンギュラ玉軸受　（B）単列深溝玉軸受
（C）複列深溝玉軸受　（D）単式スラスト玉軸受

701 読図 (その1)

Q. 右図を基にして次の各問に答えよ。

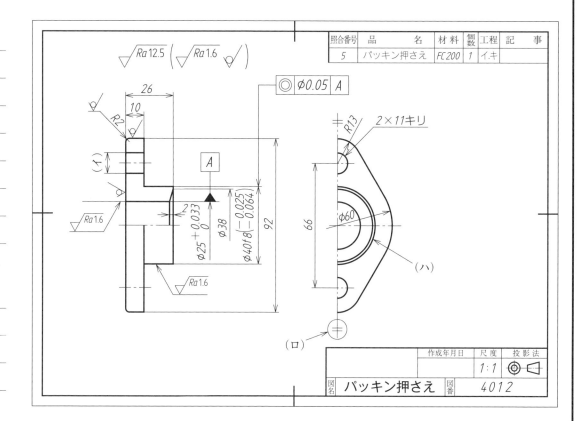

照合番号	品　　名	材料	個数	工程	記　事
5	パッキン押さえ	FC200	1	イ.キ	

	作成年月日	尺度	投影法
		1:1	◎◁
図名	パッキン押さえ	図番	4012

1. 用紙の4辺の輪郭線の中央線をなんというか _____

2. 図面の右下の表をなんというか ………… _____

3. 図面の右上の表をなんというか ………… _____

4. 工程のイ,キの意味は　イとは _____　キとは _____

5. 図面の尺度はいくらか ……………… _____

6. 図面の投影法はなんですか ………… _____

7. パッキン押さえの材質はなにか …… _____

8. 図面で右側の投影図をなんというか _____

9. 図中の切断面にハッチングを入れなさい。また対称中心線の上半分が断面になっている図を
なんという …………………… _____

10. パッキン押さえの最大幅はいくらか ……… _____

11. 図面中の(イ)の距離はいくらか ………… _____

12. 図面中の(ロ)の記号の名称はなにか ……… _____

13. 図面中の2×11キリはそれぞれ何を意味するか
2とは _____　11とは _____　キリとは _____

14. 図面中の $\sqrt{Ra12.5}$ の記号はなんですか。また数字の意味は
名称は _____　数字の意味 _____

15. 記号 ⊘ はなにを意味するか …… _____

16. 軸穴の直径はいくらか ……………… _____

17. 軸穴の上の許容サイズはいくらか ………… _____

18. 軸穴の下の許容サイズはいくらか ………… _____

19. 軸穴のサイズ公差はいくらか …………… _____

20. 図面中の(ハ)の円筒部の図示サイズはいくらか _____

21. 図面中の(ハ)の円筒部の上の許容サイズはいくらか ……………… _____

22. 図面中の(ハ)の円筒部の下の許容サイズはいくらか ……………… _____

23. 図面中の(ハ)の円筒部のサイズ公差はいくらか ……………… _____

24. 図面中の▲記号の名称はなにか ……………………………… _____

25. 図面中の記号 ◎ $\phi0.05$ A はなにか ……………………… _____
またそれぞれは何を意味するか ……… _____ …… _____ …… _____

26. 図面中の $\phi25^{+0.033}_{0}$ の公差クラスの記号はh8, H8のいずれか …… _____

702 読図（その2）

Q. 図(a)を基にして次の各問に答えよ。

1. 寸法補助記号のφ，R，Cはなにを意味するか ……………

   φ _____　R _____　C _____

2. 図面中の距離（イ）はいくらか …………… _____

3. 図面中の距離（ロ）はいくらか …………… _____

4. 図面中の距離（ハ）はいくらか …………… _____

5. 図面中の距離（ニ）はいくらか …………… _____

6. 図面中の距離（ホ）は下図のどの部分の長さか …… _____

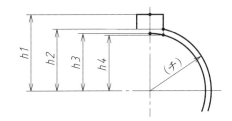

7. 図面中の角度（ヘ）はいくらか ………… _____

8. 図面中の角度（ト）はいくらか ………… _____

9. 図面中の半径（チ）はいくらか ………… _____

10. 継手外径の上の許容サイズと下の許容サイズはいくらか ……

    上の許容サイズ _____　下の許容サイズ _____

11. 継手外径のサイズ公差はいくらか ……… _____

12. 軸穴の図示サイズはいくらか …………… _____

13. 軸穴の上の許容サイズはいくらか ……… _____

14. キー溝の深さはいくらか ………………… _____

15. ボルト穴のピッチ円直径はいくらか。またサイズ公差はいく

    らか …… ピッチ円直径 _____　サイズ公差 _____

16. ボルト穴の径はいくらか ………………… _____

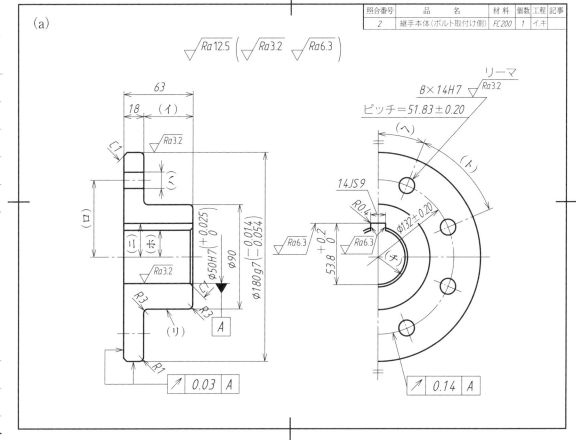

(a)

17. 図面中で（リ）の表面性状の図示記号はなにか ………………… _____

18. ボルト穴の内面の表面性状の図示記号はなにか ………………… _____

19. 図面中の記号 ↗ 0.03 A はなにか ………………… _____

    またそれぞれは何を意味するか

    _____

    _____

20. 継手本体の材質はなにか ………………………………… _____

21. 右側面図の垂直中心線の上と下にかかれている ══╎この2本の細線は何を意味

    するか ……………………………………………………………… _____

801 まとめのテスト(その1) 10点×4=40点

年　月　日　学年　年　組　番　名前

Q1. 次の品物の正面図・平面図・側面図をかき，投影図を完成させなさい。大きさは立体図の目盛りの数に合わせてかきなさい。

① ②

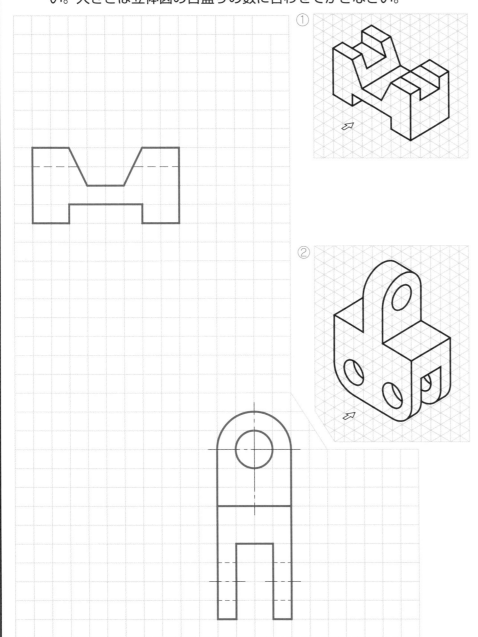

Q2. 次の投影図で示した品物の等角図をかきなさい。大きさは投影図の目盛りの数に合わせなさい。

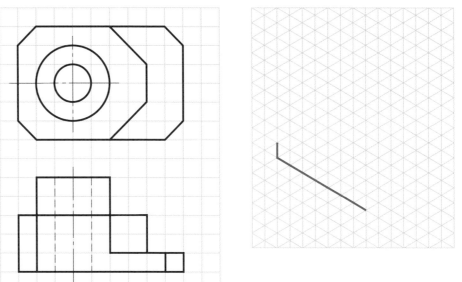

Q3. 次の投影図で不足している平面図をかき，投影図を完成させなさい。

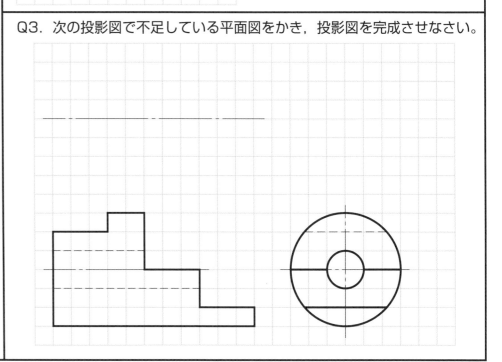

802 まとめのテスト（その2） 5点×6＝30点

年　　月　　日	学年	年　組　番	名前

Q1. 色線でかかれた主投影図を黒線で全断面図として表しなさい。またハッチングも施しなさい。

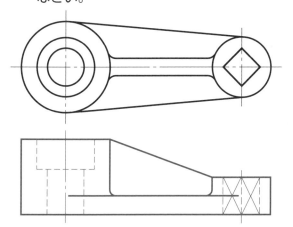

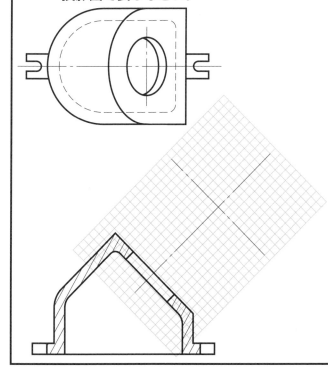

Q2. 下図の主投影図に対し，斜面の形状を補助投影図で表しなさい。

Q3. 次の投影図で示す品物の展開図をかきなさい。ただし，上面・斜面・下面は除く。

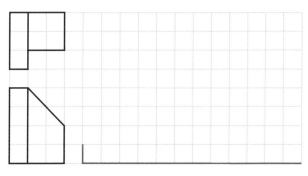

Q4. 下図の寸法記入で最もよいと思われるものを一つ選び黒の鉛筆でなぞって完成しなさい。

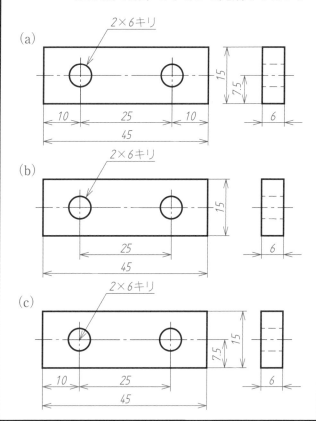

(a) 2×6キリ
10　25　10
45
15　7.5　6

(b) 2×6キリ
25
45
15　6

(c) 2×6キリ
10　25
45
15　7.5　6

Q5. 下図の寸法記入でよいと思われるものを選び黒の鉛筆でなぞって完成しなさい。

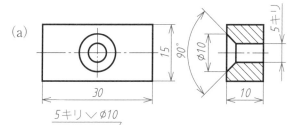

(a) 30　15　90°　φ10　5キリ　10

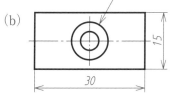

(b) 5キリ▽φ10
30　15　10

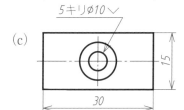

(c) 5キリφ10▽
30　15　10

Q6. 下図の寸法記入で必要と思われる寸法数字にのみ黒の鉛筆でなぞって完成しなさい。

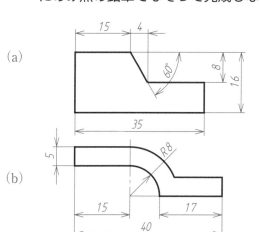

(a) 15　4　60°　8　16　35

(b) 5　R8　15　17　40

803 まとめのテスト (その3)　5点×6=30点

年　月　日	学年	年　組　番	名前

Q1. 下図の表面性状の図示記号の記入において簡略法による記入に直しなさい。なお不必要になった表面性状の図示記号には×印をつけなさい。

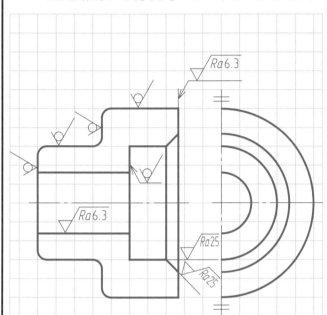

Q2. 下図の幾何公差の図示例を説明した文中の□の内に適切な語句，数字を入れ完成しなさい。

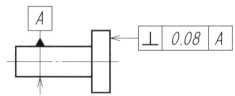

実際の(再現した)表面は [　　　　] だけ離れ，データム軸直線 [　　　　] に [　　　　　] な平行二平面の間になければならない。

Q3. 下図のはめあいにおいて，最大しめしろ，最小しめしろと軸のサイズ公差を求めなさい。

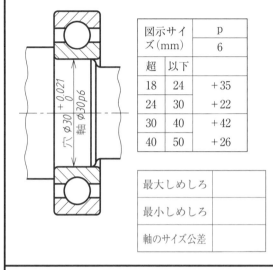

図示サイズ(mm)		p
		6
超	以下	
18	24	+35
24	30	+22
30	40	+42
40	50	+26

最大しめしろ	
最小しめしろ	
軸のサイズ公差	

Q4. 下図の中間部の省略した図で表し方として正しい図はどれか。

(a)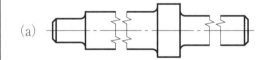

(b)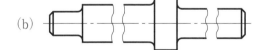

(c)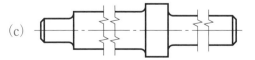

(d)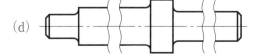

Q5. 下図はおねじがねじ込まれた状態を示す。正しい図を選びなさい。

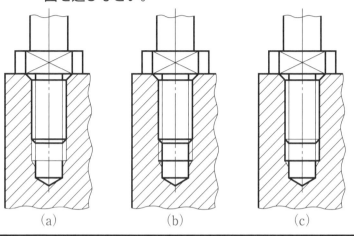

(a)　　　　(b)　　　　(c)

Q6. 下図は平歯車の主投影図と側面図である正しい組み合わせを選びなさい。

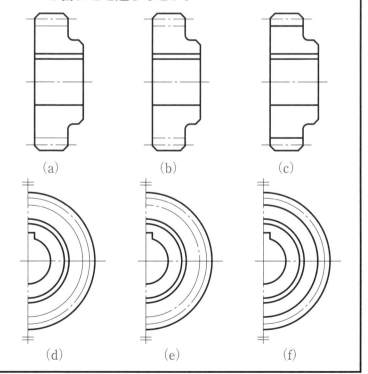

(a)　　　　(b)　　　　(c)

(d)　　　　(e)　　　　(f)

804 まとめのテスト(その4)

年 月 日	学年	年 組 番	名前

次の図はブラケットの等角図である。これの製作図を第三角法により現尺で製図しなさい。用紙はA3のケント紙またはトレース紙を用い,鉛筆がきにしなさい。

注意事項
1. この材料はFC200とする。
2. かどおよびすみの丸みの半径はすべて3mmとする。

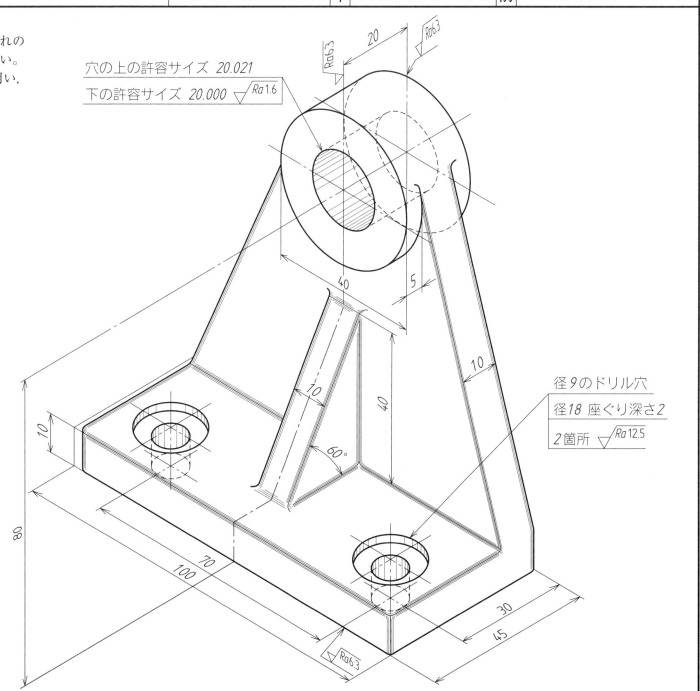

穴の上の許容サイズ *20.021*

下の許容サイズ *20.000* ▽$\sqrt{Ra1.6}$

径9のドリル穴

径18 座ぐり深さ2

2箇所 ▽$\sqrt{Ra12.5}$

Ra6.3

20

40

5

10

10

60°

40

10

80

70

100

30

45

Ra6.3

101 文字の練習　_{教科書} p.16〜18

年　　月　　日　　学年　　年　組　番　名前

数字・ラテン文字はA形斜体

文字高さ7mm

文字高さ5mm

102 線の用法と練習　_{教科書} p.18〜21

年　　月　　日　　学年　　年　組　番　名前

Q1. 下図において，線の用途による名称を表より選び，その番号を○の中に書きなさい。

次の線の練習をしなさい。

※線の形は JIS Z 8312に規定されているが，上記は一般的に用いられている値を示す。

細い破線　約1mm　2〜4mm
細い一点鎖線　約1mm　7〜40mm
細い二点鎖線　約1mm　7〜40mm

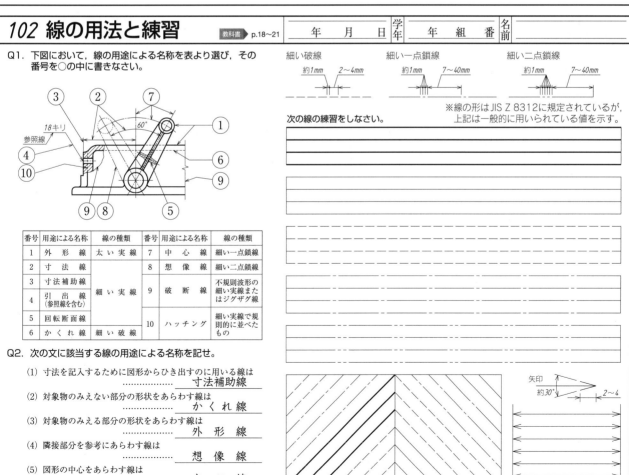

番号	用途による名称	線の種類	番号	用途による名称	線の種類
1	外 形 線	太い実線	7	中 心 線	細い一点鎖線
2	寸 法 線		8	想 像 線	細い二点鎖線
3	寸法補助線	細い実線	9	破 断 線	不規則波形の細い実線またはジグザグ線
4	引 出 線 (参照線を含む)				
5	回転断面線		10	ハッチング	細い実線で規則的に並べたもの
6	かくれ線	細い破線			

Q2. 次の文に該当する線の用途による名称を記せ。

(1) 寸法を記入するために図形からひき出すのに用いる線は
　　　　　　　　　　寸法補助線

(2) 対象物のみえない部分の形状をあらわす線は
　　　　　　　　　　かくれ線

(3) 対象物のみえる部分の形状をあらわす線は
　　　　　　　　　　外形線

(4) 隣接部分を参考にあらわす線は
　　　　　　　　　　想像線

(5) 図形の中心をあらわす線は
　　　　　　　　　　中心線

矢印　約30°　2〜4

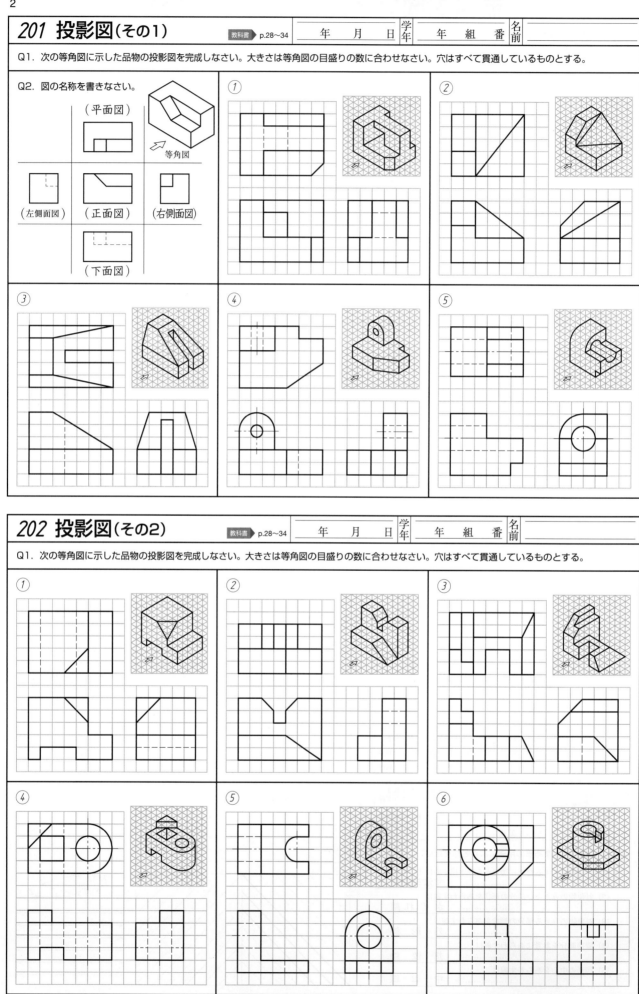

201 投影図（その1）

教科書 ▶ p.28〜34

年　月　日　学年　年　組　番　名前

Q1. 次の等角図に示した品物の投影図を完成しなさい。大きさは等角図の目盛りの数に合わせなさい。穴はすべて貫通しているものとする。

Q2. 図の名称を書きなさい。

（平面図）

等角図

（左側面図）　（正面図）　（右側面図）

（下面図）

① ② ③ ④ ⑤

202 投影図（その2）

教科書 ▶ p.28〜34

年　月　日　学年　年　組　番　名前

Q1. 次の等角図に示した品物の投影図を完成しなさい。大きさは等角図の目盛りの数に合わせなさい。穴はすべて貫通しているものとする。

① ② ③ ④ ⑤ ⑥

3

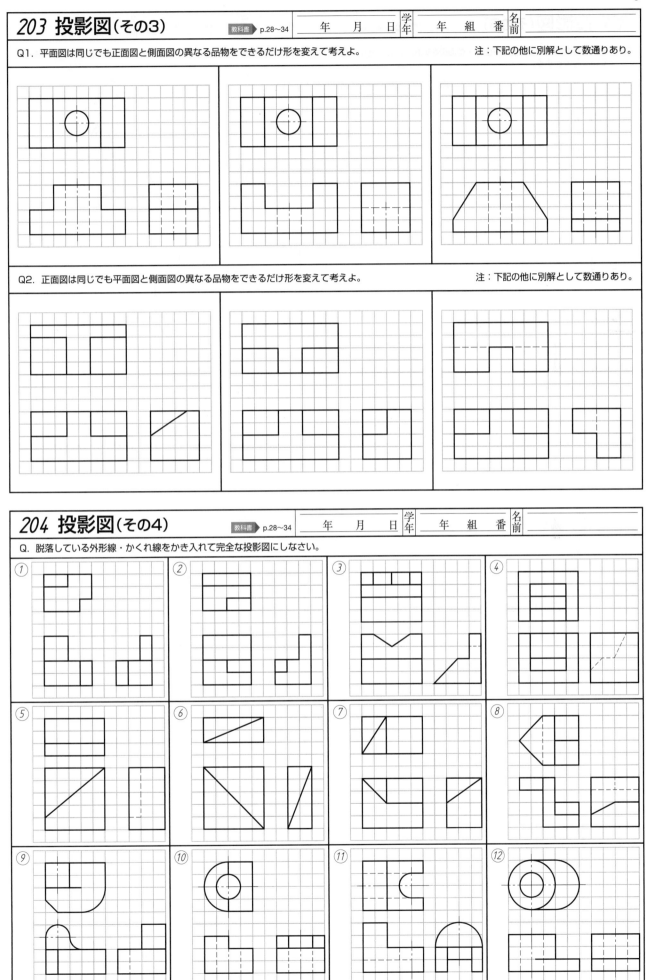

205 投影図（その5）

教科書 p.28～34　　年　月　日　学年　年　組　番　名前

Q1．それぞれの品物の正面図・平面図・側面図を現尺でかきなさい。但し，矢印の向きに見た図を正面図とし，寸法は記入しない。また，穴は貫通しているものとする。

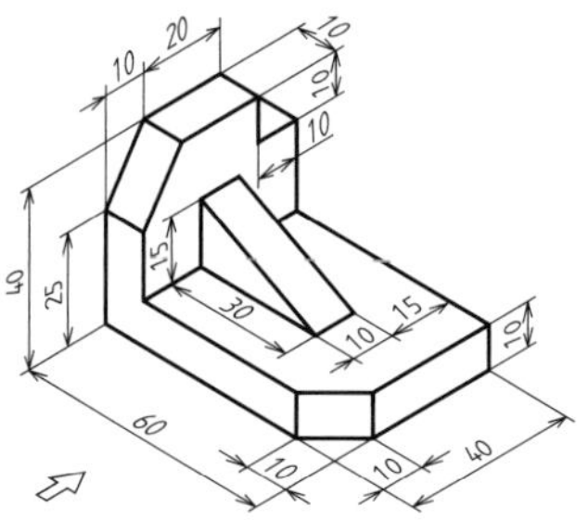

Q2．次の寸法補助記号の意味を書きなさい。

記号（呼び方）	意　味	記号（呼び方）	意　味
φ（まる又はふぁい）	直径	t（てぃー）	厚さ
R（あーる）	半径	⌒（えんこ）	円弧の長さ
Sφ（えすまる又はえすふぁい）	球の直径	CR（しーあーる）	コントロール半径
SR（えすあーる）	球の半径	⌴（ざぐり）	ざぐり※
□（かく）	正方形の辺	（ふかざぐり）	深ざぐり
C（しー）	45°の面取り	⌵（さらざぐり）	皿ざぐり
∧（えんすい）	円すい(台)状の面取り	↧（あなふかさ）	穴深さ
		（　）（かっこ）	参考寸法

※ざぐりは黒皮を少し削り取るものも含む。

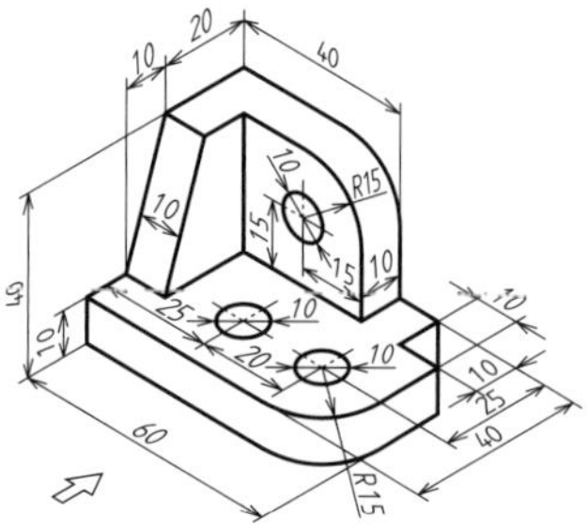

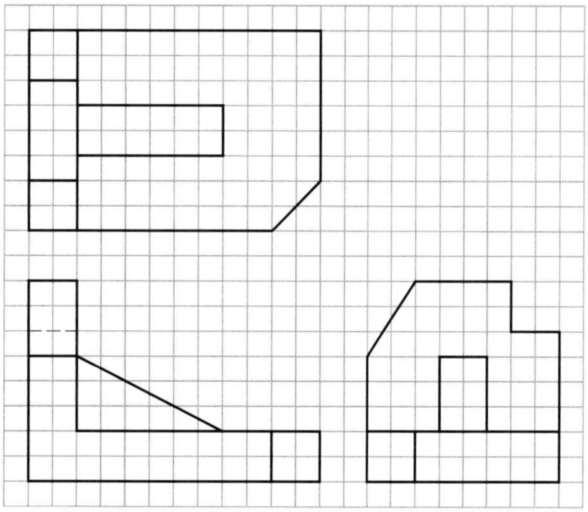

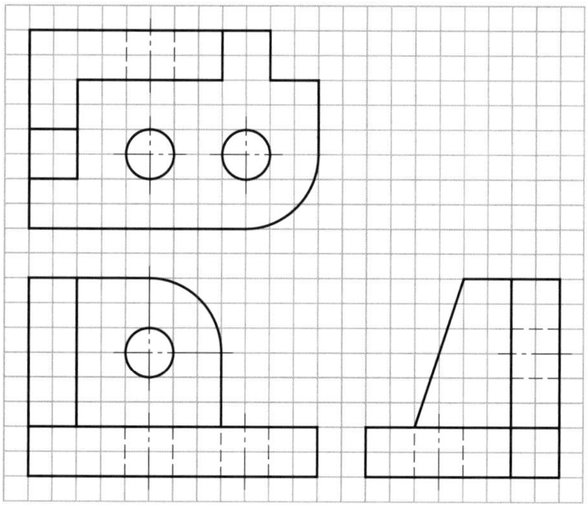

301 等角図（その1）

教科書 p.38～42　　年　月　日　学年　年　組　番　名前

Q1．次の投影図で示した品物の等角図を完成しなさい。大きさは投影図の目盛りの数に合わせなさい。

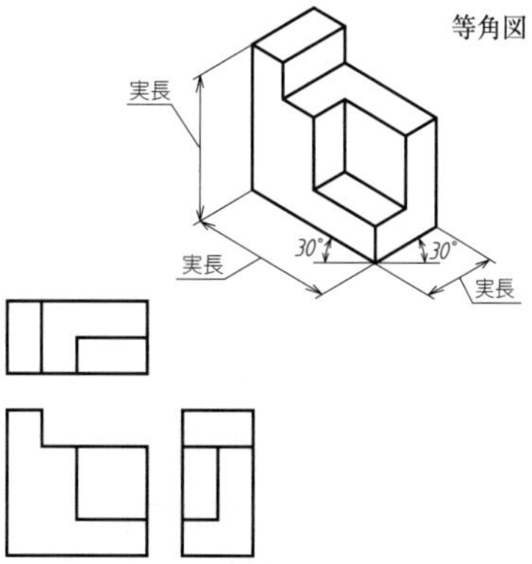

①

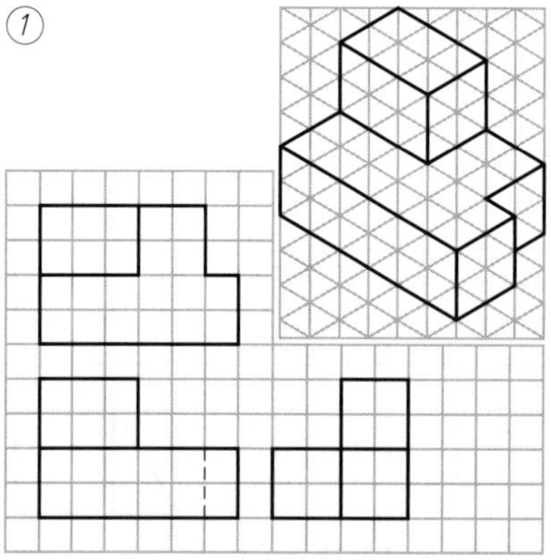

②

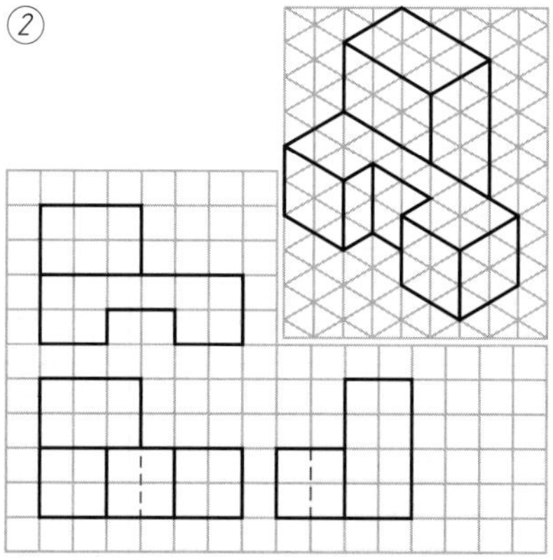

③

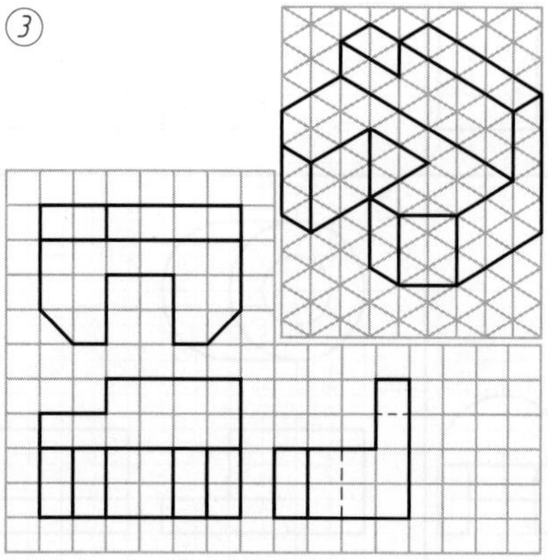

④

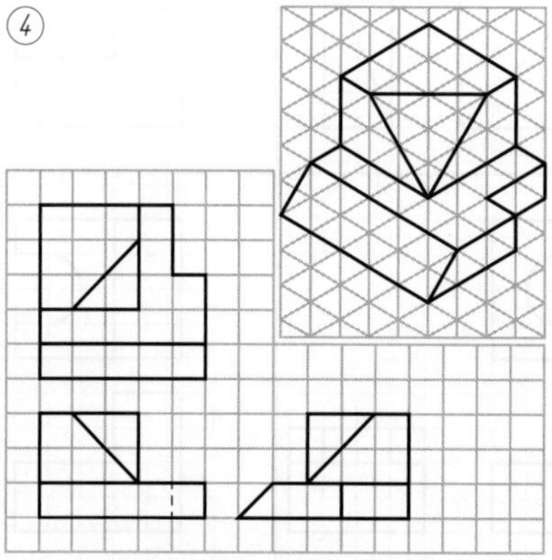

⑤

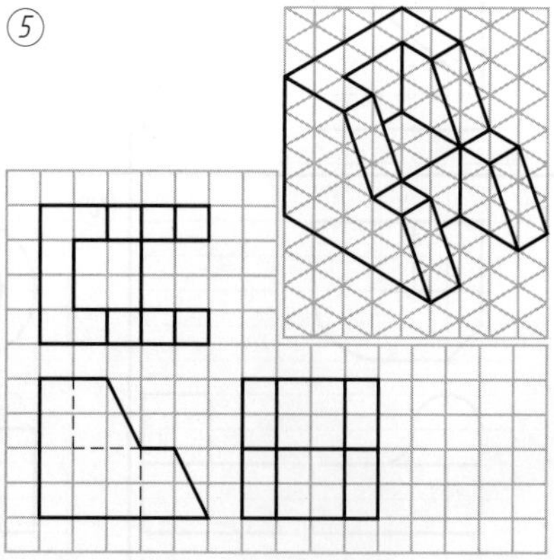

302 等角図（その2）

Q1. 次の投影図で示した品物の等角図を完成しなさい。大きさは投影図の目盛りの数に合わせなさい。

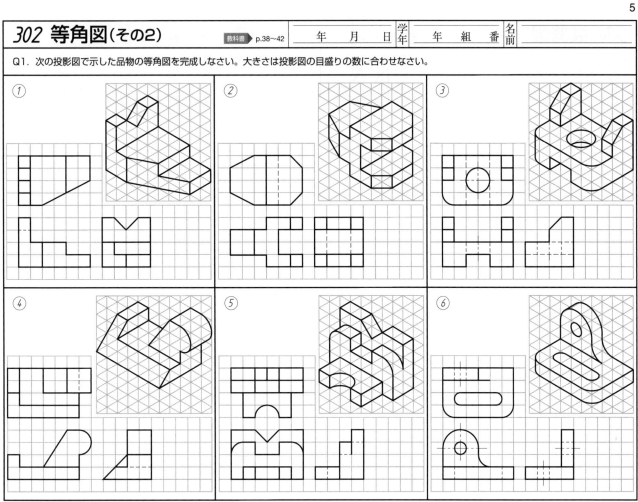

① ② ③ ④ ⑤ ⑥

303 等角図・キャビネット図

Q1. 次の投影図で示した品物の等角図を弧成だ円を用いてかきなさい。

弧成だ円によるだ円

$R = ag$

$r = fg$

Q2. 次の投影図で示した品物のキャビネット図をかきなさい。

キャビネット図

実長　実長×$\frac{1}{2}$　45°

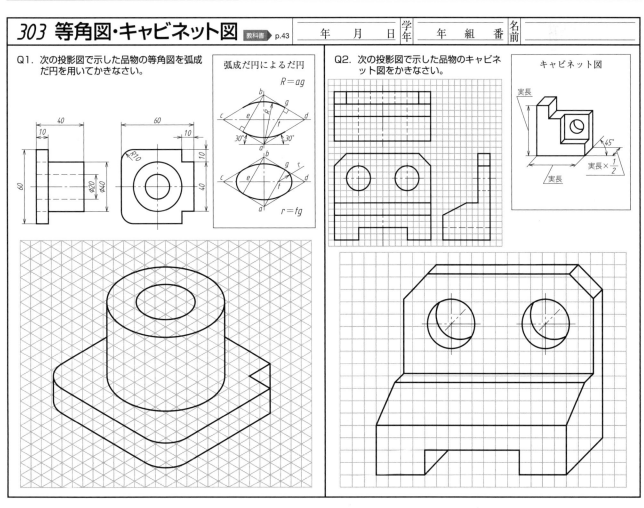

304 展開図

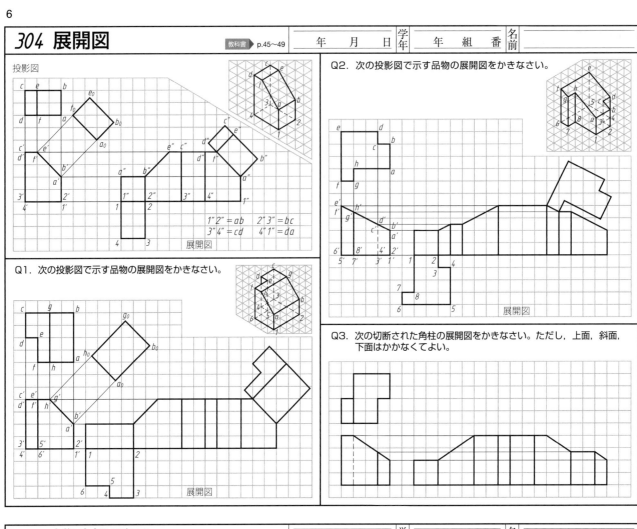

投影図

$1"2" = ab$　$2"3" = bc$
$3"4" = cd$　$4"1" = da$

Q1. 次の投影図で示す品物の展開図をかきなさい。

展開図

Q2. 次の投影図で示す品物の展開図をかきなさい。

展開図

Q3. 次の切断された角柱の展開図をかきなさい。ただし、上面、斜面、
下面はかかなくてよい。

401 補助投影図

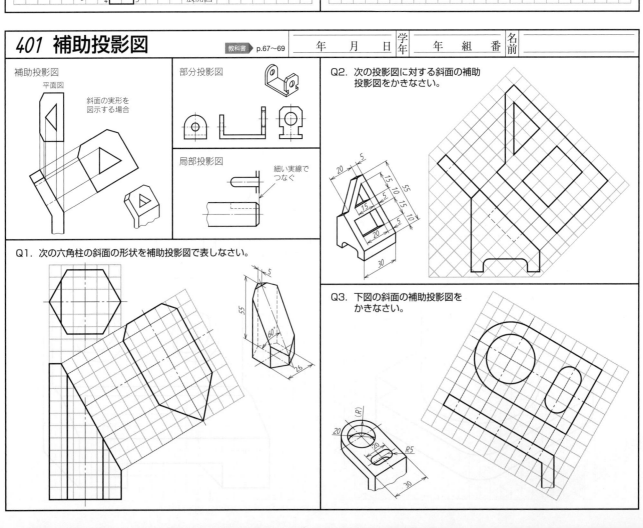

補助投影図
平面図
斜面の実形を
図示する場合

部分投影図

局部投影図
細い実線で
つなぐ

Q1. 次の六角柱の斜面の形状を補助投影図で表しなさい。

Q2. 次の投影図に対する斜面の補助
投影図をかきなさい。

Q3. 下図の斜面の補助投影図を
かきなさい。

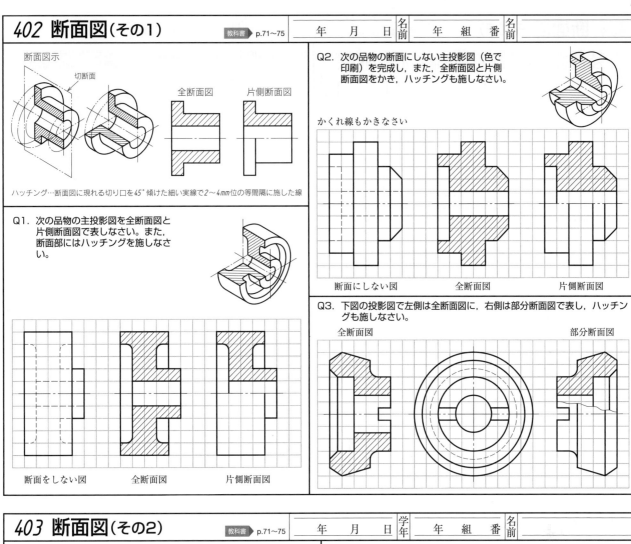

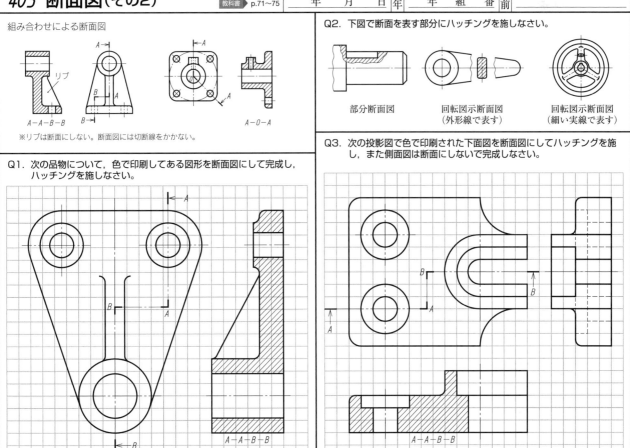

402 断面図（その1）

教科書 p.71～75　年　月　日／名前／年　組　番／名前

断面図示

切断面

全断面図　片側断面図

ハッチング…断面図に現れる切り口を45°傾けた細い実線で2～4mm位の等間隔に施した線

Q1. 次の品物の主投影図を全断面図と片側断面図で表しなさい。また，断面部にはハッチングを施しなさい。

断面をしない図　全断面図　片側断面図

Q2. 次の品物の断面にしない主投影図（色で印刷）を完成し，また，全断面図と片側断面図をかき，ハッチングも施しなさい。

かくれ線もかきなさい

断面にしない図　全断面図　片側断面図

Q3. 下図の投影図で左側は全断面図に，右側は部分断面図で表し，ハッチングも施しなさい。

全断面図　部分断面図

403 断面図（その2）

教科書 p.71～75　年　月　日／学年／年　組　番／名前

組み合わせによる断面図

リブ
A－A－B－B

A－O－A

※リブは断面にしない。断面図には切断線をかかない。

Q1. 次の品物について，色で印刷してある図形を断面図にして完成し，ハッチングを施しなさい。

A－A－B－B

Q2. 下図で断面を表す部分にハッチングを施しなさい。

部分断面図　回転図示断面図（外形線で表す）　回転図示断面図（細い実線で表す）

Q3. 次の投影図で色で印刷された下面図を断面図にしてハッチングを施し，また側面図は断面にしないで完成しなさい。

A－A－B－B

8

404 断面図(その3)

教科書 p.71〜75　年　月　日　学年　年　組　番　名前

Q1. それぞれの投影図で，正面図を平面図に示された切断線による断面図で表しなさい。ただし，図形の大きさは2倍で，ハッチングも施す。

Q3. 次の等角図で示す品物の正面図・平面図・側面図を現尺でかきなさい。ただし，矢印の方向から見た図を正面図とし，側面図は断面図で，寸法は記入しない。

Q2. 下図の投影図で色で印刷された図形を断面図として完成しなさい。また，ハッチングも施しなさい。

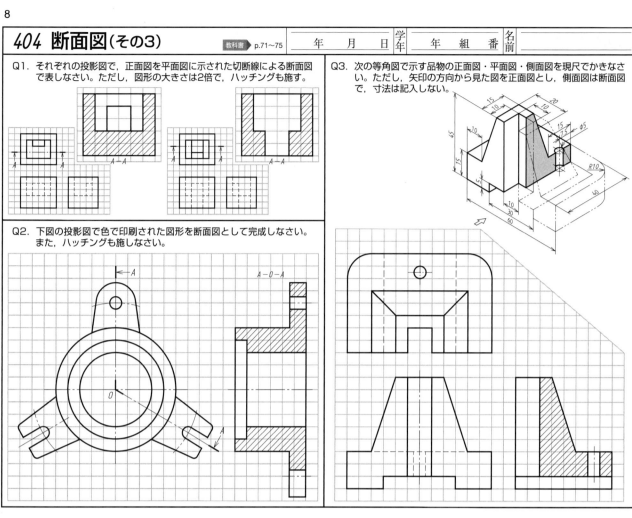

501 寸法記入(その1)

教科書 p.83〜101　年　月　日　学年　年　組　番　名前

Q. 次の各図における寸法記入で正しい方または好ましい方を選び，その図の色で印刷された寸法線及び寸法数字を鉛筆でなぞって答えなさい。

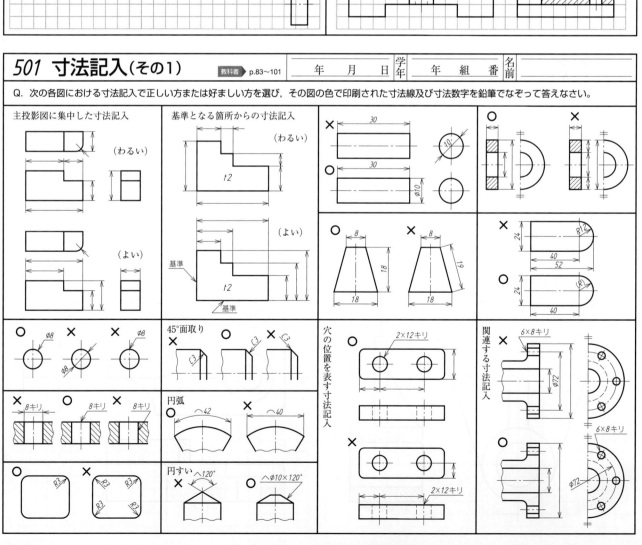

502 寸法記入（その2）

教科書 p.83〜101

年 月 日	学年	年 組 番	名前

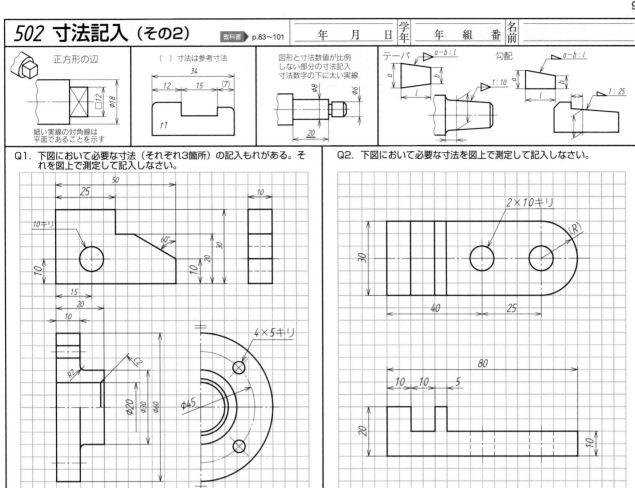

正方形の辺

細い実線の対角線は平面であることを示す

（ ）寸法は参考寸法

図形と寸法数値が比例しない部分の寸法記入 寸法数字の下に太い実線

テーパ　　　勾配

Q1. 下図において必要な寸法（それぞれ3箇所）の記入もれがある。それを図上で測定して記入しなさい。

Q2. 下図において必要な寸法を図上で測定して記入しなさい。

---

503 尺度・用紙・材料記号

教科書 p.52〜60

年 月 日	学年	年 組 番	名前

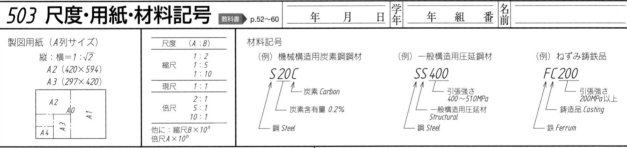

製図用紙（A列サイズ）
縦：横＝1：√2
A2（420×594）
A3（297×420）

尺度	(A:B)
縮尺	1:2
	1:5
	1:10
現尺	1:1
倍尺	2:1
	5:1
	10:1

他に：縮尺$B×10^n$
倍尺$A×10^n$

材料記号

（例）機械構造用炭素鋼鋼材
S 20 C
炭素 Carbon
炭素含有量 0.2%
鋼 Steel

（例）一般構造用圧延鋼材
SS 400
引張強さ 400〜510MPa
一般構造用圧延材 Structural
鋼 Steel

（例）ねずみ鋳鉄品
FC 200
引張強さ 200MPa以上
鋳造品 Casting
鉄 Ferrum

Q1. 次の記述のうち正しい場合は○，誤りには×印を付けよ。

- （×）. 図面の輪郭線は太さ0.3mm以上の実線とする。
- （○）. 図面に設ける輪郭は，輪郭外の余白をA0，A1では20mm以上，A2以下では10mm以上とする。
- （×）. A1用紙はA4用紙の6倍の大きさである。
- （○）. 製図用紙は長辺を横方向に置いて用いるが，A4に限って長辺を縦方向に置いてもよい。
- （○）. 図面を折りたたむ場合，その折りたたんだ大きさはA4になるようにする。

Q2. 次の記述のうち正しい場合は○，誤りには×印を付けよ。

- （×）. 図面は原則として現尺でかくのが望ましい。その場合尺度の表示は一切しなくてもよい。
- （×）. 品物の大きさを1/2で図示した場合，縮尺と呼び2：1と表示する。
- （○）. 同一図面に，ほかの異なった尺度を用いるときには，必要に応じて，その図の近くにもその適用した尺度を記入する。
- （○）. 寸法は，普通，仕上がり寸法をmm単位で記入し，単位記号はつけない。
- （○）. 縮尺や倍尺でかいた場合，各部の寸法は品物の実際の寸法（現寸）を記入する。

Q3. 部品欄の工程に記載された次の略号は何を表すか。

キ（機 械）　イ（鋳 造）　タ（鍛 造）
ヒ（標準部品）　バ（板金加工）　ヨ（溶 接）

板金加工，鋳造，機械，鍛造，標準部品，溶接

Q4. 次の材料記号についてその材料名を語群より選び記号で答えよ。

SF440	ニ
SC410	ロ
SB410	イ

（イ）ボイラ及び圧力容器用炭素鋼
（ロ）炭素鋼鋳鋼品　（ハ）軟鋼
（ニ）炭素鋼鍛鋼品　（ホ）硬鋼
（ヘ）ねずみ鋳鉄品　（チ）可鍛鋳鉄品

Q5. 次の材料記号でそれぞれの文字や数字は何を表しているか該当するものを（イ）〜（チ）の中から選び記号で答えよ。

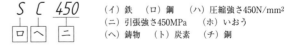

S C 450
ロ　ヘ　ニ

（イ）鉄　（ロ）鋼　（ハ）圧縮強さ450N/mm²
（ニ）引張強さ450MPa　（ホ）いおう
（ヘ）鋳物　（ト）炭素　（チ）銅

Q6. 次の材料名に該当する材料記号を（イ）〜（ニ）の中から選び記号で答えよ。

青銅鋳物	ロ
銅合金（Cu-Zn系合金）	イ
アルミニウム合金（Al-Cu-Mg系合金）	ニ

（イ）C2200
（ロ）CAC406
（ハ）SCM420
（ニ）A2024

Q7. 次の材料記号に用いられている文字Cが炭素を表しているのはどれか。記号で答えよ。

（イ）SC410　（ロ）C2300　（ハ）S43C
（ニ）FC300　（ホ）SCM415　（ヘ）AC1B

答　ハ

504 表面性状の図示記号 <small>教科書 p.125〜130</small>

年　月　日	学年	年　組　番	名前

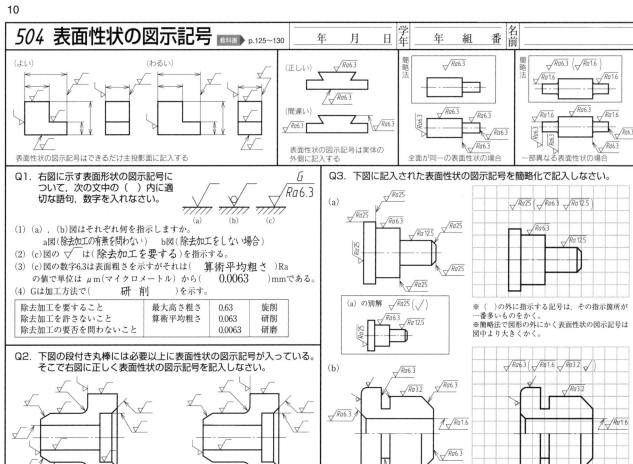

（よい）　　　　　　　　（わるい）

表面性状の図示記号はできるだけ主投影面に記入する

（正しい）
表面性状の図示記号は実体の外側に記入する

簡略法
全面が同一の表面性状の場合

簡略法
一部異なる表面性状の場合

Q1. 右に示す表面形状の図示記号について，次の文中の（　）内に適切な語句，数字を入れなさい。

(1) (a)，(b)図はそれぞれ何を指示しますか。
　　a図（除去加工の有無を問わない）　b図（除去加工をしない場合）
(2) (c)図の √ は（除去加工を要する）を指示する。
(3) (c)図の数字6.3は表面粗さを示すがそれは（算術平均粗さ）Ra
　　の値で単位は μm（マイクロメートル）から（0.0063）mmである。
(4) Gは加工方法で（研削）を示す。

除去加工を要すること	最大高さ粗さ	0.63	旋削
除去加工を許さないこと	算術平均粗さ	0.063	研削
除去加工の要否を問わないこと		0.0063	研磨

Q2. 下図の段付き丸棒には必要以上に表面性状の図示記号が入っている。そこで右図に正しく表面性状の図示記号を記入しなさい。

Q3. 下図に記入された表面性状の図示記号を簡略化で記入しなさい。

(a)

(a) の別解

(b)

※（　）の外に指示する記号は，その指示箇所が一番多いものをかく。
※簡略法で図形の外にかく表面性状の図示記号は図中より大きくかく。

505 サイズ公差とはめあい <small>教科書 p.103〜115</small>

年　月　日	学年	年　組　番	名前

サイズ公差

上の許容サイズ＝図示サイズ＋上の許容差
　＝30＋0.01＝30.01
下の許容サイズ＝図示サイズ＋下の許容差
　＝30＋（−0.10）＝29.90
サイズ公差＝上の許容サイズ−下の許容サイズ
　＝30.01−29.90＝0.11
サイズ公差＝上の許容差−下の許容差
　＝0.01−（−0.10）＝0.11

図示サイズ＝30
上の許容差＝＋0.01
下の許容差＝−0.10

公差クラスの記号

※表の図示サイズで
〜超はその数値を含まない
〜以下はその数値を含む

ϕ50H7$\left(^{+0.025}_{0}\right)$
上の許容サイズ＝50.025
下の許容サイズ＝50.000

ϕ50m6$\left(^{+0.025}_{+0.009}\right)$
上の許容サイズ＝50.025
下の許容サイズ＝50.009

大文字は穴のサイズ許容区間
小文字は軸のサイズ許容区間
数値は基本サイズ公差等級

すきまばめ：穴＞軸
しまりばめ：穴＜軸
中間ばめ：穴＞軸，穴＜軸

Q1. 下図の許容差による寸法記入において表を完成せよ。
単位はmm

	(a)	(b)
図示サイズ	30	32
上の許容サイズ	30.1	32.1
下の許容サイズ	29.9	31.8
サイズ公差	0.2	0.3

(a) 30 ± 0.1
(b) $32^{+0.1}_{-0.2}$

Q2. 下図によって右の表の空欄に該当する事項を記入しなさい。

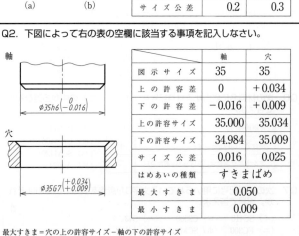

	軸	穴
図示サイズ	35	35
上の許容差	0	＋0.034
下の許容差	−0.016	＋0.009
上の許容サイズ	35.000	35.034
下の許容サイズ	34.984	35.009
サイズ公差	0.016	0.025
はめあいの種類	すきまばめ	
最大すきま	0.050	
最小すきま	0.009	

軸 ϕ35h6$\left(^{0}_{-0.016}\right)$
穴 ϕ35G7$\left(^{+0.034}_{+0.009}\right)$

最大すきま＝穴の上の許容サイズ−軸の下の許容サイズ

Q3. 下図において右の表の空欄に該当する事項を記入しなさい。

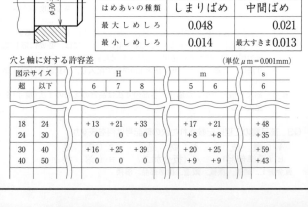

(a) ϕ30 H7/s6
(b) ϕ30 H7/m6

	(a)		(b)
	軸s6	穴H7	軸m6
図示サイズ	30	30	30
上の許容差	＋0.048	＋0.021	＋0.021
下の許容差	＋0.035	0	＋0.008
上の許容サイズ	30.048	30.021	30.021
下の許容サイズ	30.035	30.000	30.008
サイズ公差	0.013	0.021	0.013
はめあいの種類	しまりばめ		中間ばめ
最大しめしろ	0.048		0.021
最小しめしろ	0.014		最大すきま0.013

穴と軸に対する許容差 （単位 μm＝0.001mm）

図示サイズ			H			m		s
超	以下	6	7	8	5	6	6	
18	24	＋13	＋21	＋33	＋17	＋21	＋48	
24	30	0	0	0	＋8	＋8	＋35	
30	40	＋16	＋25	＋39	＋20	＋25	＋59	
40	50	0	0	0	＋9	＋9	＋43	

506 幾何公差

教科書 p.116〜121 年 月 日／学年 年 組 番／名前

幾何公差
データム
データム三角記号
⊥ 0.08 A
データムを指示する文字記号
公差値
幾何特性の記号

※データムとは関連形体の幾何公差を指示するときの基準となる。直線, 軸線・平面または中心平面など理論的に正確な幾何学的基準をいう。

公差記入枠の大きさ

2H 2H 通宜 最小2H
1.6H ▲ ∥ ⊕ ⟋ ⊥ ↗
※Hは図面に記入される寸法数字の文字高さと同じ

Q1. 下記の幾何公差の種類に関する表について完成せよ。

記号	特性の名称	公差の種類	データム指示	定義
—	真直度	形状公差	否	B
▱	平面度	形状公差	否	D
∥	平行度	姿勢公差	要	E
⊥	直角度	姿勢公差	要	C
↗	円周振れ	振れ公差	要	A

但しデータム指示は「要」「否」で, 定義は下図より選び記号で答えよ。

A 公差域は, その軸線がデータムに一致する円筒断面内にあるだけ離れた二つの円によって任意の半径方向の位置に規制される。
公差域

B 公差値の前に記号φを付加すると, 公差域は直径の円筒によって規制される。

C 公差域は, データムに直角な平行二平面によって制限される。

D 公差域は, 距離tだけ離れた平行二平面によって規制される。

E 公差域は, 距離tだけ離れ, データム軸直線に平行な平行二平面によって規制される。

Q2. 下記の幾何公差の記号についてその特性の名称をA〜Fの中から選び記号で答えよ。

記号	⟋	○	◎	⊕	⟋
特性の名称	D	B	A	C	E

(A) 同心度または同軸度　(B) 真円度
(C) 位置度　(D) 全振れ
(E) 円筒度　(F) 平行度

Q3. 各図の幾何公差に対して正しい説明文を一つ選びその記号を○でかこみなさい。

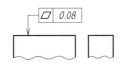

(イ) 実際の表面に対して0.08mmの寸法許容差で仕上げる。
(ロ) 実際の表面は0.08mmだけ離れた平行二平面の間になければならない。
(ハ) 実際の表面に対して両側の側面の平行度は0.08mmの範囲にある。

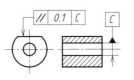

(イ) 実際の表面は0.1mmだけ離れ, データム軸直線Cに平行な平行二平面の間になければならない。
(ロ) 実際の表面はデータムCで示す内径に対して0.1mmの表面粗さまで許される。
(ハ) 実際の表面はデータムCに対して0.1mmの許容範囲の加工が可能である。

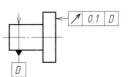

(イ) データム軸直線Dに一致する円筒軸において軸方向の実際の線は0.1mm離れた二つの円の間になければならない。
(ロ) データム軸直線Dに対して側面の右下さがり傾角は0.1°の範囲になければならない。

601 ねじ製図(その1)

教科書 p.160〜173 年 月 日／学年 年 組 番／名前

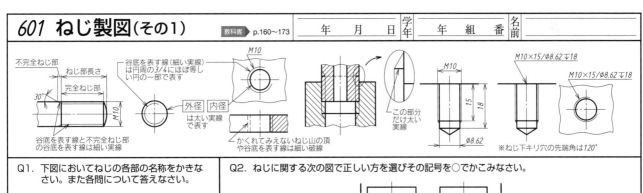

不完全ねじ部／ねじ部長さ／完全ねじ部／30°／谷底を表す線と不完全ねじ部の谷底を表す線は細い実線／M10／谷底を表す線(細い実線)は円周の3/4にほぼ等しい円の一部で表す／外径 内径 は太い実線で表す／かくれてみえないねじ山の頂や谷底を表す線は細い破線／この部分だけ太い実線／M10／M10×15/Φ8.62▽18／15／18／Φ8.62／M10×15/Φ8.62▽18／※ねじ下キリ穴の先端角は120°

Q1. 下図においてねじの各部の名称をかきなさい。また各問について答えなさい。

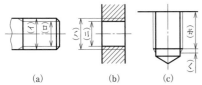

(a) (b) (c)

	名称
イ	おねじの外径(呼び径)
ロ	おねじの谷の径
ハ	めねじの谷の径
ニ	めねじの内径
ホ	完全ねじ部の長さ
ヘ	不完全ねじ部の長さ

(1) 図の(a), (b)ともM12の場合(イ)と(ハ)の長さは何mmか。(イ) 12mm (ハ) 12mm
(2) ねじで隣り合うねじ山の対応する2点の軸方向の距離を何というか。(ピッチ)
(3) ねじが一回転したとき, 軸方向に移動する距離を何というか。(リード)

Q2. ねじに関する次の図で正しい方を選びその記号を○でかこみなさい。

(a) (b)◯
(b) (a)◯
(a)◯ (b)

M10 M10 M10
(a) (b) (c)◯

(a) (b)◯ (c)
(a) (b) (c)◯ M8

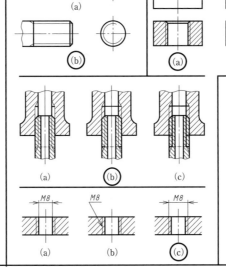

Q3. M16ねじ深さ30, 下穴14.2深さ35のねじ込み部の図を実寸でかきなさい。

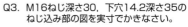
M16×30/Φ14.2▽35

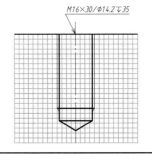

602 ねじ製図（その2）

教科書 p.177

年 月 日	学年	年 組 番	名前

Q1. 次のねじの呼びの表し方例に該当するねじの種類名を語群より選びなさい。

G3/8	管 用 平 行 ね じ
M16	一般用メートルねじ並目
Rc1/2	管用テーパめねじ
R1/2	管用テーパおねじ
M16×1	一般用メートルねじ細目
Tr10×2	メートル台形ねじ
Rp1/2	管用テーパねじ用平行めねじ

語群
一般用メートルねじ並目, 一般用メートルねじ細目
メートル台形ねじ, 管用テーパおねじ
管用テーパめねじ, 管用平行ねじ
管用テーパねじ用平行めねじ

Q2. 次のねじの表し方の解答例にならって答えよ。

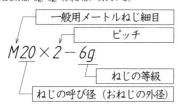

（例） Tr40×7−7H

※ねじの等級では一般にめねじに5〜7H
おねじには, 5g, 6g, 7e等が用いられている。

一般用メートルねじ細目
ピッチ

M20×2−6g

ねじの等級
ねじの呼び径（おねじの外径）

Q3. 下図は六角ボルト・六角ナットの略画法でかかれた図である。M20の六角ボルト・六角ナットの場合(イ)〜(ヌ)の各寸法及び角度は何度か。

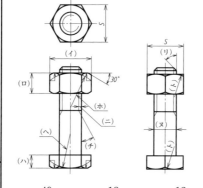

(イ)	40	(ロ)	18	(ハ)	12
(ニ)	2.5〜2	(ホ)	30	(ヘ)	30
(ト)	20	(チ)	30°	(リ)	45°	(ヌ)	20

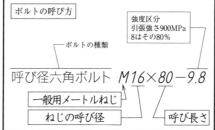

ボルトの呼び方

呼び径六角ボルト M16×80−9.8
ボルトの種類
一般用メートルねじ
ねじの呼び径
呼び長さ
強度区分
引張強さ900MPa
8はその80%

Q4. 下図の寸法の引出線で表示された座ぐりの寸法に合う図をかきなさい。

※座ぐり……ボルトの頭やナットの座面が締め付ける部品の面に密着するようにその面に座をつくること。

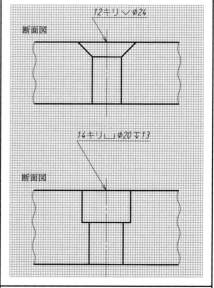

12キリ ∨ ⌀24
断面図

14キリ ⌴ ⌀20⌵13
断面図

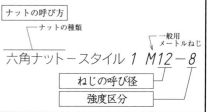

ナットの呼び方

六角ナット−スタイル 1 M12−8
ナットの種類
一般用メートルねじ
ねじの呼び径
強度区分

---

603 軸・キー・座金

教科書 p.180〜185

年 月 日	学年	年 組 番	名前

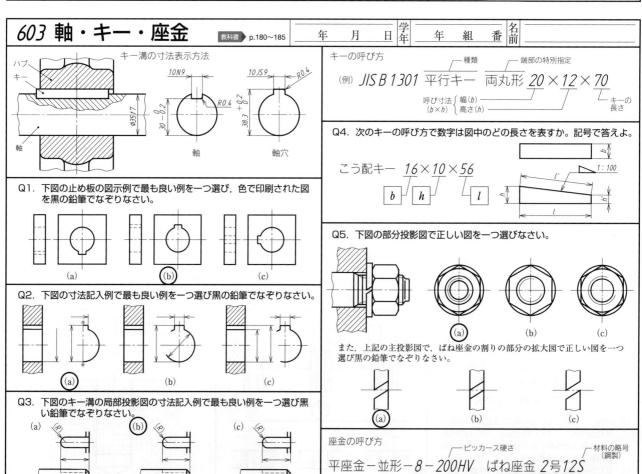

キー溝の寸法表示方法

ハブ
キー
軸
⌀35⌊7
10N9 R0.4
10JS9 R0.4
30⁻⁰·²
38.3⁺⁰·²
軸
軸穴

キーの呼び方
（例） JIS B 1301 平行キー 両丸形 20×12×70
種類
呼び寸法 {幅(b), 高さ(h)} (b×h)
端部の特別指定
キーの長さ

Q4. 次のキーの呼び方で数字は図中のどの長さを表すか。記号で答えよ。

こう配キー 16×10×56

b   h   l

1:100

Q1. 下図の止め板の図示例で最も良い例を一つ選び, 色で印刷された図を黒の鉛筆でなぞりなさい。

(a)   (b)   (c)

Q5. 下図の部分投影図で正しい図を一つ選びなさい。

(a)   (b)   (c)

また, 上記の主投影図で, ばね座金の割りの部分の拡大図で正しい図を一つ選び黒の鉛筆でなぞりなさい。

(a)   (b)   (c)

Q2. 下図の寸法記入例で最も良い例を一つ選び黒の鉛筆でなぞりなさい。

(a)   (b)   (c)

Q3. 下図のキー溝の局部投影図の寸法記入例で最も良い例を一つ選び黒い鉛筆でなぞりなさい。

(a)   (b)   (c)

座金の呼び方

平座金−並形−8−200HV
呼び径
ビッカース硬さ

ばね座金 2号12S
種類
呼び
材料の略号（鋼製）

604 歯車製図

教科書 p.202〜211　　年　月　日／学年　年　組　番／名前

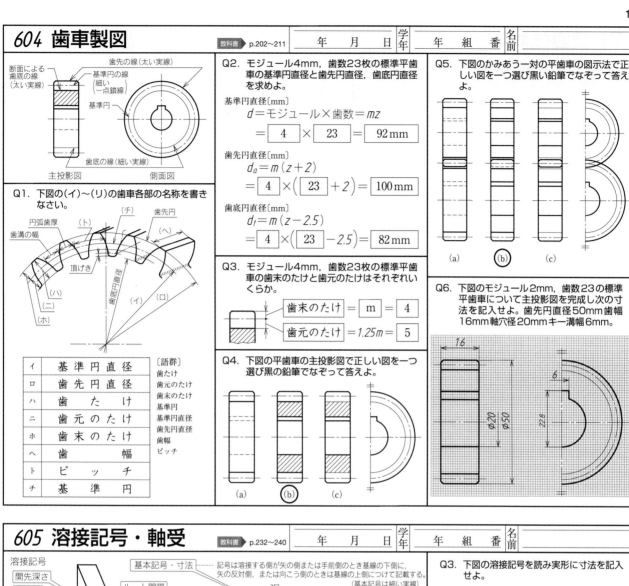

主投影図・側面図
- 断面による歯底の線（太い実線）
- 歯先の線（太い実線）
- 基準円の線（細い一点鎖線）
- 基準円
- 歯底の線（細い実線）

Q1. 下図の(イ)〜(リ)の歯車各部の名称を書きなさい。

（図中ラベル：円弧歯厚、歯溝の幅、頂げき、歯底円直径、基準円直径、歯先円、(ト)(チ)(ヘ)(イ)(ロ)(ハ)(ニ)(ホ)）

イ	基 準 円 直 径
ロ	歯 先 円 直 径
ハ	歯 た け
ニ	歯 元 の た け
ホ	歯 末 の た け
ヘ	歯 幅
ト	ピ ッ チ
チ	基 準 円

〔語群〕歯たけ　歯元のたけ　歯末のたけ　基準円　基準円直径　歯先円直径　歯幅　ピッチ

Q2. モジュール4mm，歯数23枚の標準平歯車の基準円直径と歯先円直径，歯底円直径を求めよ。

基準円直径〔mm〕
$$d = モジュール \times 歯数 = mz$$
$$= 4 \times 23 = 92\,mm$$

歯先円直径〔mm〕
$$d_a = m(z+2)$$
$$= 4 \times (23+2) = 100\,mm$$

歯底円直径〔mm〕
$$d_f = m(z-2.5)$$
$$= 4 \times (23-2.5) = 82\,mm$$

Q3. モジュール4mm，歯数23枚の標準平歯車の歯末のたけと歯元のたけはそれぞれいくらか。

歯末のたけ $= m = 4$
歯元のたけ $= 1.25m = 5$

Q4. 下図の平歯車の主投影図で正しい図を一つ選び黒の鉛筆でなぞって答えよ。

(a)　(b)　(c)　→ (b)

Q5. 下図のかみあう一対の平歯車の図示法で正しい図を一つ選び黒い鉛筆でなぞって答えよ。

(a)　(b)　(c)　→ (b)

Q6. 下図のモジュール2mm，歯数23の標準平歯車について主投影図を完成し次の寸法を記入せよ。歯先円直径50mm歯幅16mm軸穴径20mmキー溝幅6mm。

（寸法：16, 6, φ20, φ50, 22.8）

---

605 溶接記号・軸受

教科書 p.232〜240　　年　月　日／学年　年　組　番／名前

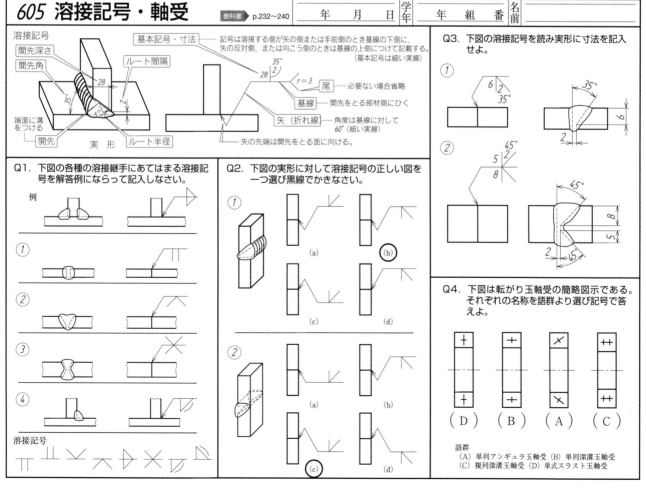

溶接記号
- 開先深さ
- 開先角
- ルート間隔
- 基本記号・寸法……記号は溶接する側が矢の側または手前側のとき基線の下側に，矢の反対側，または向こう側のときは基線の上側につけて記載する。（基本記号は細い実線）
- 端面に溝をつける
- 開先
- 実形
- ルート半径
- 尾……必要ない場合省略
- 基線……開先をとる部材側にひく
- 矢（折れ線）……角度は基線に対して60°（細い実線）
- 矢の先端は開先をとる面に向ける。

（寸法：28, 2, 35°, r=3）

Q1. 下図の各種の溶接継手にあてはまる溶接記号を解答例にならって記入しなさい。

例　①　②　③　④

溶接記号

Q2. 下図の実形に対して溶接記号の正しい図を一つ選び黒線でかきなさい。

① (a)(b)(c)(d) → (b)
② (a)(b)(c)(d) → (c)

Q3. 下図の溶接記号を読み実形に寸法を記入せよ。

① （6, 2, 35°）→（35°, 6, 2）
② （45°, 5, 2, 8）→（45°, 8, 5, 2, 45°）

Q4. 下図は転がり玉軸受の簡略図示である。それぞれの名称を語群より選び記号で答えよ。

(D)　(B)　(A)　(C)

語群
(A) 単列アンギュラ玉軸受　(B) 単列深溝玉軸受
(C) 複列深溝玉軸受　(D) 単式スラスト玉軸受

701 読図（その1）

	年　月　日	学年	年　組　番	名前

Q. 右図を基にして次の各問に答えよ。

1. 用紙の4辺の輪郭線の中央線をなんというか　**中心マーク**
2. 図面の右下の表をなんというか ……………… **表題欄**
3. 図面の右上の表をなんというか ……………… **部品欄**
4. 工程のイ,キの意味は　イとは **鋳造**　キとは **機械**
5. 図面の尺度はいくらか ……………… **1：1 現尺**
6. 図面の投影法はなんですか ……………… **第三角法**
7. パッキン押さえの材質はなにか …… **ねずみ鋳鉄**
8. 図面で右側の投影図をなんというか　**側面図**
9. 図中の切断面にハッチングを入れなさい。また対称中心線の上半分が断面になっている図をなんという　**片側断面図**
10. パッキン押さえの最大幅はいくらか …… **60 mm**
11. 図面中の(イ)の距離はいくらか …… **11 mm**
12. 図面中の(ロ)の記号の名称はなにか　**対称図示記号**
13. 図面中の2×11キリはそれぞれ何を意味するか
　　2とは 穴の数　**11とは 穴の内径**　キリとは **ドリルによる穴**
14. 図面中の $\sqrt{Ra12.5}$ の記号はなんですか。また数字の意味は
　　名称は **表面性状の図示記号**　数字の意味 **表面粗さ**
15. 記号 $\sqrt{}$ はなにを意味するか …… **除去加工をしない**
16. 軸穴の直径はいくらか ……………… **25 mm**
17. 軸穴の上の許容サイズはいくらか …… **25.033 mm**
18. 軸穴の下の許容サイズはいくらか …… **25.000 mm**
19. 軸穴のサイズ公差はいくらか …… **0.033 mm**
20. 図面中の(ハ)の円筒部の図示サイズはいくらか **40 mm**

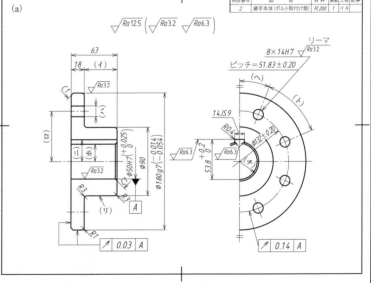

照合番号	品　名	材料	個数	工程	記事
5	パッキン押さえ	FC200	1	イ.キ	

作成年月日		尺度	投影法
		1：1	
図名 パッキン押さえ		図番	4012

21. 図面中の(ハ)の円筒部の上の許容サイズはいくらか ………… **39.975 mm**
22. 図面中の(ハ)の円筒部の下の許容サイズはいくらか ………… **39.936 mm**
23. 図面中の(ハ)の円筒部のサイズ公差はいくらか ………… **0.039 mm**
24. 図面中の▲記号の名称はなにか ………… **データム三角記号**
25. 図面中の記号 $\boxed{◎ \, \varnothing0.05 \, | \, A}$ はなにか ………… **幾何公差**
　　またそれぞれは何を意味するか
　　………… **データムを指示する文字記号**
　　同心度　**公差値 0.05 mm**
26. 図面中の $\varnothing25^{+0.033}_{0}$ の公差クラスの記号はh8, H8のいずれか …… **H8**

---

702 読図（その2）

	年　月　日	学年	年　組　番	名前

Q. 図(a)を基にして次の各問に答えよ。

1. 寸法補助記号のφ, R, Cはなにを意味するか ……………
　　φ **直径**　R **半径**　C **45°の面取り**
2. 図面中の距離(イ)はいくらか …………… **45 mm**
3. 図面中の距離(ロ)はいくらか …………… **66 mm**
4. 図面中の距離(ハ)はいくらか …………… **14 mm**
5. 図面中の距離(ニ)はいくらか …………… **28.8 mm**
6. 図面中の距離(ホ)は下図のどの部分の長さか　**h4**

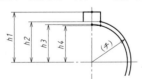

7. 図面中の角度(ヘ)はいくらか …………… **22.5°**
8. 図面中の角度(ト)はいくらか …………… **45°**
9. 図面中の半径(チ)はいくらか …………… **26 mm**
10. 継手外径の上の許容サイズと下の許容サイズはいくらか ……
　　上の許容サイズ 179.986 mm **下の許容サイズ 179.946 mm**
11. 継手外径のサイズ公差はいくらか …… **0.040 mm**
12. 軸穴の図示サイズはいくらか …… **50.000 mm**
13. 軸穴の上の許容サイズはいくらか …… **50.025 mm**
14. キー溝の深さはいくらか …………… **3.8 mm**
15. ボルト穴のピッチ円直径はいくらか。またサイズ公差はいくらか　**ピッチ円直径 132 mm** **サイズ公差 0.40 mm**
16. ボルト穴の径はいくらか …………… **14 mm**

(a)

照合番号	品　名	材料	個数	工程	記事
2	継手本体(ボルト取付け側)	FC200	1	イ.キ	

17. 図面中で(リ)の表面性状の図示記号はなにか ………… $\sqrt{Ra12.5}$
18. ボルト穴の内面の表面性状の図示記号はなにか ………… $\sqrt{Ra3.2}$
19. 図面中の記号 $\boxed{↗ \, | \, 0.03 \, | \, A}$ はなにか ………… **幾何公差**
　　………… **データムを指示する文字記号**
　　またそれぞれは何を意味するか
　　公差の種類の記号　…… **公差値 0.03 mm**
　　円周振れ公差
20. 継手本体の材質はなにか …… **FC200 ねずみ鋳鉄**
21. 右側面図の垂直中心線の上と下にかかれている〓 この2本の細線は何を意味するか …………
　　………… **対称図示記号**

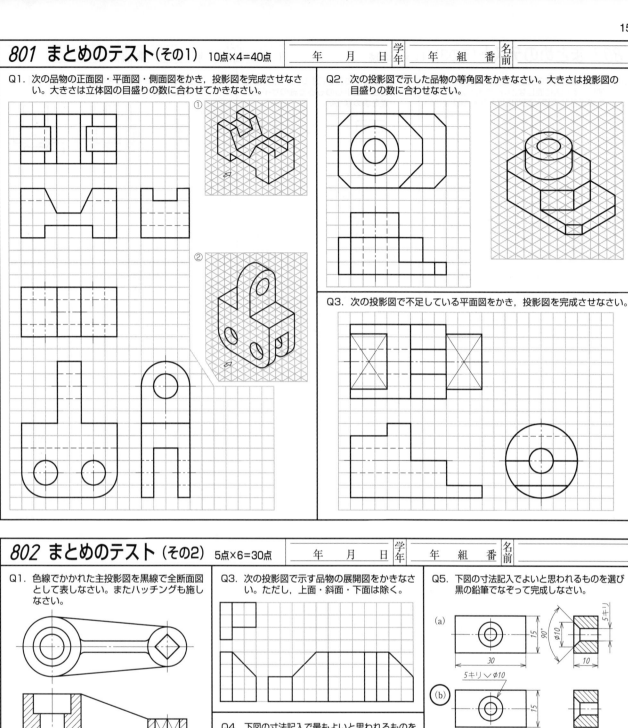

801 まとめのテスト(その1) 10点×4=40点

年　月　日　学年　年　組　番　名前

Q1. 次の品物の正面図・平面図・側面図をかき，投影図を完成させなさい。大きさは立体図の目盛りの数に合わせてかきなさい。

①

②

Q2. 次の投影図で示した品物の等角図をかきなさい。大きさは投影図の目盛りの数に合わせなさい。

Q3. 次の投影図で不足している平面図をかき，投影図を完成させなさい。

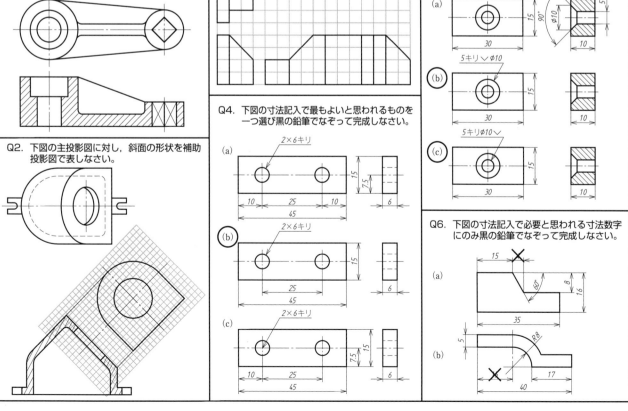

802 まとめのテスト (その2) 5点×6=30点

年　月　日　学年　年　組　番　名前

Q1. 色線でかかれた主投影図を黒線で全断面図として表しなさい。またハッチングも施しなさい。

Q2. 下図の主投影図に対し，斜面の形状を補助投影図で表しなさい。

Q3. 次の投影図で示す品物の展開図をかきなさい。ただし，上面・斜面・下面は除く。

Q4. 下図の寸法記入で最もよいと思われるものを一つ選び黒の鉛筆でなぞって完成しなさい。

(a) 2×6キリ
10 25 10
45
15
7.5
6

(b) 2×6キリ
25
45
15
6

(c) 2×6キリ
10 25
45
15
7.5
6

Q5. 下図の寸法記入でよいと思われるものを選び黒の鉛筆でなぞって完成しなさい。

(a) 5キリ
90° Ø10
30 15 10

(b) 5キリ▽ Ø10
30 15 10

(c) 5キリ Ø10▽
30 15 10

Q6. 下図の寸法記入で必要と思われる寸法数字にのみ黒の鉛筆でなぞって完成しなさい。

(a) 15 60° 8 16 35

(b) 5 R8 17 40

803 まとめのテスト(その3) 5点×6=30点

| 年 月 日 | 学年 | 年 組 番 | 名前 | |

Q1. 下図の表面性状の図示記号の記入において簡略法による記入に直しなさい。なお不必要になった表面性状の図示記号には×印をつけなさい。

Q2. 下図の幾何公差の図示例を説明した文中の □ の内に適切な語句，数字を入れ完成しなさい。

$\perp$ 0.08 A

実際の(再現した)表面は ［ 0.08 ］ だけ離れ，データム軸直線 ［ A ］ に ［ 直角 ］ な平行二平面の間になければならない。

Q3. 下図のはめあいにおいて，最大しめしろ，最小しめしろと軸のサイズ公差を求めなさい。

穴 $\phi 30 ^{+0.021}_{0}$ 軸 $\phi 30 p6$

図示サイズ(mm)		p
		6
超	以下	
18	24	+35
24	30	+22
30	40	+42
40	50	+26

最大しめしろ	0.035
最小しめしろ	0.001
軸のサイズ公差	0.013

Q4. 下図の中間部の省略した図で表し方として正しい図はどれか。

(a) (b) (c) (d)

Q5. 下図はおねじがねじ込まれた状態を示す。正しい図を選びなさい。

(a) (b) (c)

Q6. 下図は平歯車の主投影図と側面図である正しい組み合わせを選びなさい。

(a) (b) (c)
(d) (e) (f)

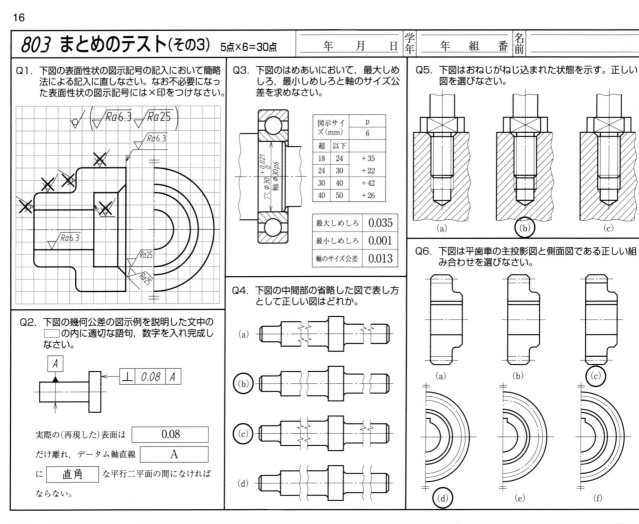

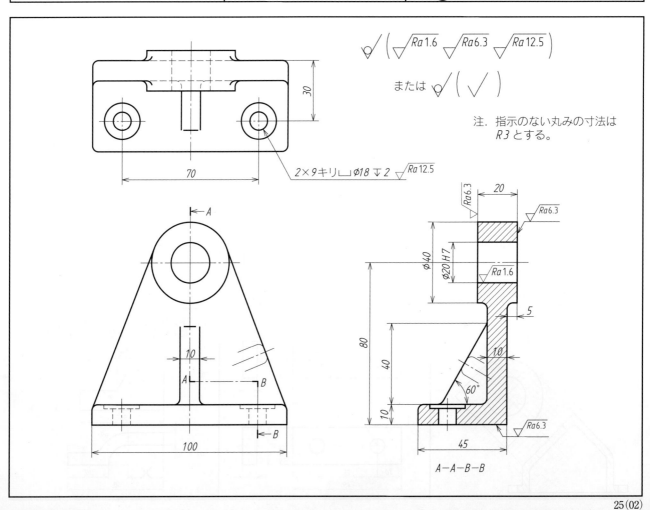

$\sqrt{}$ ($\sqrt{Ra 1.6}$ $\sqrt{Ra 6.3}$ $\sqrt{Ra 12.5}$)

または $\sqrt{}$ ($\sqrt{}$)

注. 指示のない丸みの寸法は R3 とする。

30

70

2×9キリ □ $\phi 18 ↧ 2$ $\sqrt{Ra 12.5}$

A

10

100

A—A—B—B

$\sqrt{Ra 6.3}$

20

$\sqrt{Ra 6.3}$

$\phi 40$

$\phi 20 H7$

$\sqrt{Ra 1.6}$

5

80

40

10

60°

10

45

$\sqrt{Ra 6.3}$